深度学习之多源数据融合的目标检测与跟踪

第二版

张文利　李晓理　杨金福　王　康　主编

中国轻工业出版社

图书在版编目（CIP）数据

深度学习之多源数据融合的目标检测与跟踪 / 张文利等主编. -- 2版. -- 北京 ：中国轻工业出版社，2025. 4. -- ISBN 978-7-5184-5438-9

Ⅰ. TP274

中国国家版本馆CIP数据核字第20259ZS866号

责任编辑：胡　佳　　责任终审：简延荣　　封面设计：锋尚设计
版式设计：砚祥志远　　责任校对：刘小透　晋　洁　　责任监印：张京华

出版发行：中国轻工业出版社（北京鲁谷东街5号，邮编：100040）
印　　刷：北京厚诚则铭印刷科技有限公司
经　　销：各地新华书店
版　　次：2025年4月第2版第1次印刷
开　　本：787 × 1092　1/16　印张：9.75
字　　数：200千字　插页：3
书　　号：ISBN 978-7-5184-5438-9　定价：58.00元
邮购电话：010-85119873
发行电话：010-85119832　010-85119912
网　　址：http://www.chlip.com.cn
Email：club@chlip.com.cn

240944K6X101ZBW

前言

随着视频监控系统的逐渐成熟以及计算机视觉领域的快速发展，基于视频监控的人员检测以及人流量统计系统具有适应性强、应用范围广、自动化程度高、节约人力成本等优势。但目前大多数视频监控系统是基于可见光摄像机进行搭建，可见光摄像机易受光照条件影响，在低照度条件下难以捕获有效的可见光（RGB）图像。此外由于可见光相机的成像特性，捕获的二维平面图像缺乏场景的深度信息，难以克服由于相机拍摄视角而产生的物体遮挡和杂乱背景的干扰，具有一定的局限性。随着成本低廉的深度采集设备的出现，将深度传感器融入视频监控系统中进行人员检测成为一项有效可行的方案。相较于传统可见光相机，深度传感器不依赖自然光源，对光照变化稳健性强，并且能够将物体到相机的距离反映到深度（Depth）图像上，为解决物体频繁遮挡以及杂乱背景提供了新的处理策略，能够很好地弥补可见光相机的不足。但由于深度传感器特殊的成像特性，生成的深度图像缺乏色彩信息和目标的高级语义信息。

基于上述分析，针对RGB图像人脸检测面临低光照、频繁遮挡和模型规模大等问题，介绍基于RGB图像的人群密集场景的人脸检测算法。针对以上RGB图像问题及深度图像缺乏场景色彩和语义信息的问题，通过融合RGB图像和深度图像，开展基于RGB-D的人员检测、人员跟踪方面的研究，并通过实现精确高效、对多场景稳健的密集人群场景人脸检测系统、人员口罩佩戴情况识别系统验证人员检测及跟踪技术的有效性和实用性。

本书的研究目标是实现在多场景环境下精准检测跟踪室内人员，要求检测结果对于频繁遮挡、光照和背景变化有较强的稳健性；同时，要求对视频序列中多人员的准确匹配，并记录每位人员的运动轨迹和遮挡状态，实现轨迹不间断的目标跟踪；另一方面，本书通过两个实际应用案例：面向密集人群场景的人脸检测系统及面向疫情防控的室内人员口罩佩戴情况识别系统，研究上述目标检测与跟踪技术在实际工程应用中的可行性和有效性。

基于上述研究背景和目标，本书主要的工作内容与贡献有以下几个方面。

本书研究和实现基于非对称自适应特征融合的RGB-D人员检测。依据深度图像特性和卷积可视化结果，构建一种非对称型RGB-D双流网络，兼顾RGB和Depth特征的差异和共性，提取有效且通用的RGB-D特征；构建深度特征金字塔网络，融合目标深层语义信息和浅层细节信息，强化目标的多尺度特征表示；设计并实现一种自适应通道加权模块，自主学习通道间关联模式来融合RGB-D多模态特征，实现高效的特征互补和特征选择；设计并实现多分支预测网络，提高算法应对不同尺寸目标的检测能力；本文在多个不同场景的公开RGB-D室内数据集上验证所提人员检测算法的性能，并与前人工作进行了定量比较和分析，实验结果表明本文所提算法均优于现有对比算法，且对于黑夜和遮挡条件下的人员检测具有良好的稳健性。

本书研究和实现基于非对称孪生网络的多目标跟踪算法。依据RGB图像和深度图像的卷积特征特性，设计并实现一种非对称孪生网络，在降低计算复杂度的同时，可以有效提升RGB图像和深度图像特征质量。利用注意力模块去除RGB特征和深度特征中的冗余信息，融合形成高质量的RGB-D特征，提升算法对人员的响应能力。依据视频序列时序信息，设计并实现一种轨迹优化模块，该模块首先判断轨迹质量，随后抑制错误人员轨迹，优化低质量人员轨迹，提升跟踪算法输出轨迹的完整性和准确性。

本书通过研究前沿热门的深度学习及计算机视觉技术，尝试和探索了信息技术在智慧建筑领域的跨学科应用，由于篇幅关系，书中仅介绍了两个应用案例，希望可以给读者以更多启示，将本书算法扩展到更多的应用领域。

值此书成稿之际，谨向多年来给予作者鼓励、支持及关心的父母、家人、朋友、同事以及合作伙伴表示衷心的感恩与感谢；感谢作者的研究生杨堃、郭向、王宁、辛宜桃、赵庭松、宋琳等同学在方案实现、实验验证、文稿整理等方面的辛苦工作。

本书由北京市教育科学“十四五”规划2022年度优先关注课题“首都高校研究生教育质量提升研究（CDEA22009）”资助。

限于作者水平，本书难免在内容及结构编排上存在不足，希望读者不吝赐教，提出宝贵的批评和建议，作者将不胜感谢。

全体作者

2024年11月18日于北京工业大学

第一版前言

随着视频监控系统的逐渐成熟以及计算机视觉领域的快速发展，基于视频监控的人员检测以及人流量统计系统具有适应性强、应用范围广、自动化程度高、节约人力成本等优势。但目前大多数视频监控系统是基于可见光摄像机进行搭建，可见光摄像机易受光照条件影响，在低照度条件下难以捕获有效的可见光（RGB）图像。此外由于可见光相机的成像特性，捕获的二维平面图像缺乏场景的深度信息，难以克服由于相机拍摄视角而产生的物体遮挡和杂乱背景的干扰，具有一定的局限性。随着成本低廉的深度采集设备的出现，将深度传感器融入视频监控系统中进行人员检测成为一项有效可行的方案。相较于传统可见光相机，深度传感器不依赖于自然光源，对光照变化稳健性强，并且能够将物体到相机的距离反映到深度（Depth）图像上，为解决物体频繁遮挡以及杂乱背景提供了新的处理策略，能够很好地弥补可见光相机的不足。但由于深度传感器特殊的成像特性，生成的深度图像缺乏色彩信息和目标的高级语义信息。

基于上述分析，针对RGB图像面临光照变化、频繁遮挡、杂乱背景等干扰，以及深度图像缺乏场景色彩和语义信息的问题，本书通过融合RGB图像和深度图像，开展基于RGB-D的人员检测、人员跟踪方面的研究，并通过实现精确高效、对多场景稳健的人流量统计系统、人员口罩佩戴情况识别系统验证人员检测及跟踪技术的有效性和实用性。

本书的研究目标是实现在多种室内环境下精准检测跟踪室内人员，要求检测结果对于频繁遮挡、光照和背景变化有较强的稳健性；同时，要求对视频序列中多人员的准确匹配，并记录每位人员的运动轨迹和遮挡状态，实现轨迹不间断的目标跟踪；另一方面，本书通过两个实际应用案例：双向人流量统计系统及面向疫情防控的口罩佩戴情况识别系统，研究上述目标检测与跟踪技术在实际工程应用中的可行性和有效性。

基于上述研究背景和目标，本书主要的工作内容与贡献有以下几个方面。

本书研究和实现基于非对称自适应特征融合的RGB-D人员检测。依据深度图像特性和卷积可视化结果，构建一种非对称型RGB-D双流网络，兼顾RGB和Depth特征的差异和共性，提取有效且通用的RGB-D特征；构建深度特征金字塔网络，融合目标深层语义信息和浅层细节信息，强化目标的多尺度特征表示；设计并实现一种自适应通道加权模块，自主学习通道间关联模式来融合RGB-D多模态特征，实现高效的特征互补和特征选择；设计并实现多分支预测网络，提高算法应对不同尺寸目标的检测能力；本文在六个不同场景的公开RGB-D室内数据集上验证所提人员检测算法的性能，并与前人工作进行了定量比较和分析，实验结果表明本文所提算法均优于现有对比算法，且对于黑夜和遮挡条件下的人员检测具有良好的稳健性。

本书研究和实现基于深度信息改进DeepSort多目标跟踪算法。实现利用目标的深度变化率和边框IoU联合优化目标匹配过程，利用深度相似度拒绝无效轨迹并平滑决策边界，提高匹配的可靠性和准确性；实现利用轨迹的上下文深度差判断目标的遮挡状态，并依据遮挡状态优化轨迹处理策略，提高跟踪算法应对人员遮挡的能力并减少错误匹配。

本书研究和实现基于非对称孪生网络的多目标跟踪算法。依据RGB图像和深度图像的卷积特征特性，设计并实现一种非对称孪生网络，在降低计算复杂度的同时，可以有效提升RGB图像和深度图像特征质量。利用注意力模块去除RGB特征和深度特征中的冗余信息，融合形成高质量的RGB-D特征，提升算法对人员的响应能力。依据视频序列时序信息，设计并实现一种轨迹优化模块，该模块首先判断轨迹质量，随后抑制错误人员轨迹，优化低质量人员轨迹，提升跟踪算法输出轨迹的完整性和准确性。

本书通过研究前沿热门的深度学习及计算机视觉技术，尝试和探索了信息技术在智慧建筑领域的跨学科应用，由于篇幅关系，书中仅介绍了两个应用案例，希望可以给读者以更多启示，将本书算法扩展到更多的应用领域。

值此书成稿之际，谨向多年来给予作者鼓励、支持及关心的父母、家人、朋友、同事以及合作伙伴表示衷心的感恩与感谢；感谢作者的研究生杨堃、郭向、王宁、辛宜桃、赵庭松等同学在方案实现、实验验证、文稿整理等方面的辛苦工作；感谢中建科技集团有限公司的朱清宇研究员、马超博士在场景应用中提供的帮助与支持。最后此书特别敬献给慈母李兴环。

限于作者水平，本书难免在内容及结构编排上存在不足，希望读者不吝赐教，提出宝贵的批评和建议，作者将不胜感谢。

张文利

2021年4月16日于北京工业大学

目录

第1章 绪论

1.1 本书背景

随着大数据、人工智能、物联网技术的不断进步，智慧建筑的发展迎来了绝佳机遇。智慧建筑作为一种目前正在高速发展的建筑形式，自20世纪80年代提出以来逐渐受到各方重视。进入21世纪后，智慧建筑利用物联网、云计算、智能感知等现代信息技术，采集并分析建筑内部各项环境数据，从而为建筑内设备的自动化控制、公共场所资源的合理调配以及营造舒适、节能、环保的室内环境提供数据支持和辅助决策。

智慧建筑包含三方面要素，如图1-1所示。感知即信息采集，是对建筑物理环境（如CO_2浓度、温湿度、光感等）与人类行为（人员识别、人员定位、语音传感等）数据的采集；分析即信息匹配，是智慧建筑的核心，通过自适应、自学习的方式挖掘数据之间的关联模式；反应即信息利用，是将数据分析结果应用于建筑设备和空间的控制中，从而实现自然环境与人的沟通与交互，提高建筑的整体智慧和对各种场景的适应能力。智慧建筑在一定程度上形成了人与环境互相协调的统一体，实现了人类行为与自然感知的深度融合。

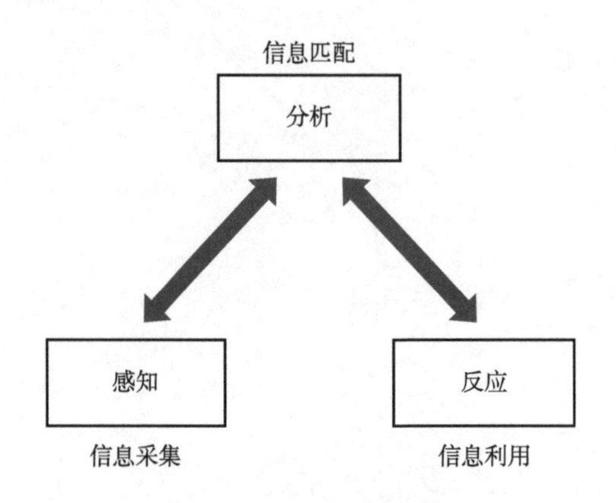

图1-1 智慧建筑三要素

相关研究[1]表明人们每天80%~90%的时间都处于室内建筑环境中，严格意义上的室内建筑具体包括生活居室、办公区、会议室、商场店铺、营业厅等封闭环境，而走廊、地下通道、地铁通道等人员流动性强的半封闭环境在一定程度上也具备室内场景的特点。智慧建筑应始终以人为服务中心，通过更先进的设计理念和更合理的资源调配，为室内人员提供更好的体验，因此，感知室内人员并跟踪运动轨迹成为智慧建筑的基础前提。

在室内办公区，通过感知并记录人员分布情况、行进路径、活动规律、行为习惯，可以为大数据分析和综合决策提供可靠数据，从而控制中央或分布式控制中心对建筑内部的温湿度、光线强度、电梯运行规划进行自动调节，为人员提供舒适便捷的办公环境。对于商场店铺而言，客流量信息是极具参考价值的统计数据，基于此可以分析顾客的购物习惯和偏好，从而更加合理地统筹商场布局、布置商品货柜以及避免商品资源浪费，同时迎合消费者的爱好使其获得更佳的购物体验。在营业厅等服务性场所，掌握出入人员的流量变化有助于了解顾客办理业务的高峰时段，从而合理地分配工作时间，为顾客提供优质服务。而走廊等狭窄环境的人员流动性强，且光照条件较昏暗，易发生拥挤踩踏、火灾等安全隐患，通过掌握该场景的人员分布情况，能够实时评估场所的拥挤程度，从而做到提前预警和指导疏散引流措施的部署。

综上所述，室内人员检测、人员跟踪和人流量统计等技术不仅为智慧建筑的自动化、智慧化控制提供了可靠的判断依据，同时在资源合理调配以及公共安全防控等方面发挥着重要作用，具有广泛的应用前景和社会价值。

随着视频监控系统的逐渐成熟以及计算机视觉领域的快速发展，基于视频监控的人员检测以及人流量统计系统具有适应性强、应用范围广、自动化程度高、节约人力成本等优势。但目前大多数视频监控系统是基于可见光摄像机进行搭建，可见光摄像机易受光照条件影响，在低照度条件下难以捕获有效的可见光（RGB）图像。此外，由于可见光相机的成像特性，捕获的二维平面图像缺乏场景的深度信息，难以克服由于相机拍摄视角而产生的物体遮挡和杂乱背景的干扰，具有一定的局限性。随着成本低廉的深度采集设备的出现，将深度传感器融入视频监控系统中进行人员检测成为一项有效可行的方案。相较于传统可见光相机，深度传感器不依赖于自然光源，对光照变化稳健性强，并且能够将物体到相机的距离反映到深度（Depth）图像上，为解决物体频繁遮挡以及杂乱背景提供了新的处理策略，能够很好地弥补可见光相机的不足。但由于深度传感器特殊的成像特性，生成的深度图像缺乏色彩信息和目标的高级语义信息。

基于上述分析，针对RGB图像面临光照变化、频繁遮挡、杂乱背景等干扰，以及深度图像缺乏场景色彩和语义信息的问题，本文通过融合RGB图像和深度图像，开展基于RGB-D的人员检测、人员跟踪方面的研究，并通过实现高效的密集人群场景的人脸检测系统、人员口罩佩戴情况识别系统验证人员检测及跟踪技术的有效性和实用性。

1.2 国内外研究现状

1.2.1 人员检测的研究现状

人员检测是室内人员跟踪系统的基础任务。该任务主要分析室内场景采集设备提供的图像序列数据，获取室内人员的位置信息。高质量的室内人员位置信息一方面可确保室内人员跟踪系统全面地统计室内人员信息，另一方面也为人员属性分类、人员流量信息统计提供必要准确的数据基础。

目前，众多国内外研究学者提出了大量的人员检测方法，本章节依据人员检测方法所使用的数据种类，将人员检测方法划分为基于RGB图像的人员检测方法、基于深度图像的人员检测方法以及基于RGB-D图像的人员检测方法，如图1-2所示。下文将分别介绍上述三种方法，并对每一类方法进行描述与总结。

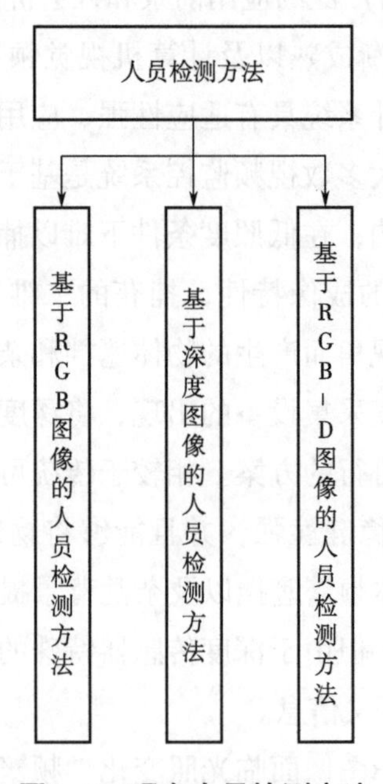

图1-2 现有人员检测方法

1.2.1.1 基于RGB图像的人员检测方法

早期的人员检测方法[1-4]大多使用多尺度滑动窗方法[5]或者选择性搜索方法[6]在RGB图像上生成若干个候选框，随后这些方法使用提取传统的低维度特征[7, 8]，最后将低维度特征输入至分类器[9, 10]中进行候选框分类和回归，从而得到RGB图像上的目标位置和类别信息。

这些人员检测方法实现简单，提取得到的图像特征具有较强的解释能力。但这类方法提取得到的低维度特征的泛化能力差，在背景较为复杂或光照条件不佳的场景下，这类方法的检测结果质量较差，容易发生误检或漏检错误，无法满足复杂场景下的检测需求。

近年来，随着深度学习的发展和数据集资源的扩充，许多研究人员利用深度学习模型完成人员检测任务。依据这些检测方法的实现方法，本章节将其划分为单阶段检测方法（One-stage method）和两阶段检测方法（Two-stage method）两种。

（1）单阶段检测方法的研究现状。对于单阶段检测方法来说，该种方法将输入图像拆分为多个网格，随后使用多种尺度多种比例的锚框在每一个网格中进行密集采样，最后对采样结果进行预测分类和边界框回归，形成最终的检测结果。该种方法的代表方法有YOLO[11-14]，SSD[15]，RFB-Net[16]，CenterNet[17]等。

Redmon等人在2016年首次提出了YOLO检测方法[11]，该方法将整幅图像输入至检测网络中，并将检测网络提取得到的特征划分为多个相同尺寸的区域，随后在每一个区域上回归并预测图像中的目标位置和类别。尽管该方法可以达到实时检测的要求，但当图像中出现大量人员或人员较小时，YOLO的检测效果不佳。同时，SSD检测方法[15]被Liu等人提出，他们提取网络中不同层的特征，并使用回归思想在不同层的特征上预测目标的类别及位置，但是该方法无法很好地检测图像中的小尺寸目标。

2017年，Redmon等人对YOLO检测方法进行了改进，提出了YOLOv2方法[12]。他们对特征提取网络进行了改进，同时采用锚框机制以进一步提升检测框质量。随着残差网络结构的提出，Redmon等人又提出了YOLOv3方法[13]。他们将残差网络结构引入至特征提取网络中，提出了Darknet-53网络结构，同时，他们通过多尺度特征融合和多分支预测手段，提升了检测方法对不同尺度目标的检测能力。近年来，随着众多深度学习优化方法的提出，Bochkovskiy等人[14]将部分数据增强方法、特征网络优化方法、注意力机制融合至YOLOv3检测方法中，提出了YOLOv4检测方法。该方法将现阶段的模型优化方法与YOLOv3检测方法进行结合，通过数据集增强、模型优化、注意力机制等手段提升了检测任务的质量。

（2）两阶段检测方法的研究现状。对于两阶段检测方法来说，该种方法首先需要判断图像在该区域内是否含有目标，随后在候选区域中提取特征以完成目标类别划分和边界框回归任务。该种方法在消耗一部分时间的情况下，可以获得比单阶段检测方法质量更高的检测结果。该种方法的代表有R-CNN[18]，Fast R-CNN[19]，Faster R-CNN[20]，Cascade R-CNN[21]，TridentNet[22]。

Girshick等人[18]在2014年提出了R-CNN检测方法。该方法首先通过选择性搜索方法（Selective Search）[6] 在原图上提取2000个目标候选区域，然后使用卷积神经网络提取候选区域特征，随后将提取得到的特征输入至分类器中预测候选区域内的目标类别，最后将目标类别和位置信息输出显示。同年，Girshick等人将SPPNets[23] 的思想引入至R-CNN检测方法中，提出了Fast R-CNN检测方法[19]。他们将感兴趣区域池化层（ROI pooling layer）引入至R-CNN检测方法中，将不同大小的特征转化为尺寸相同的特征。同时，Fast R-CNN检测方法通过特征映射的方式提取候选区域特征，解决了R-CNN检测方法中存在的特征重复提取问题。在2016年，Girshick 等人对Fast R-CNN进行了改进，提出了Faster R-CNN检测方法[20]。该方法使用区域候选网络（Region Proposed Network，RPN）在整张特征图上输出候选区域，实现了可端到端训练的检测方法，提高了目标检测的速度和精度。

部分研究人员提出了行人检测方法[24-27]，解决RGB图像下检测方法难以应对人员遮挡和尺度变化问题。Mateus等人[24] 将级联聚合通道特征的思想与深度卷积网络进行结合，提升了用于检测人员的特征质量。为了在拥挤的环境下检测人员，Cheng等人[25] 将人员分为多个部分，同时引入了一种基于部位融合的快速融合模型以准确检测场景内的人员。Tesema等人[26] 在Faster R-CNN人员检测方法的基础上，将手工特征和卷积神经网络特征进行结合，以提升人员检测的准确度。Wang等人[27] 将人员遮挡问题细分为人员间遮挡和其他物体遮挡，同时设计了RepLoss损失函数，以提升检测方法对真实人员目标的响应。

上述基于RGB图像的人员检测方法都取得了一定的检测结果，但是可见光相机易受外界光照干扰，在低照度和频繁遮挡下，现有的人员检测方法容易出现误检或漏检问题，难以在不同的室内场景进行应用。

1.2.1.2 基于深度图像的人员检测方法

最近，深度传感器的制造成本得到了控制，越来越多价格低廉、测距准确的深度相机出现在市面上。深度图像因其成像稳定、可在低光照条件下使用等优势受到了广泛关注。因此，部分研究人员使用深度图像对场景内的人员进行检测。

Zhao等人[28] 分析了人员头部的比例尺度和深度值之间的关系，并根据二者的关系在深度图像上输出人员头部的区域。同时，他们还训练了一个卷积神经网络对人员头部区域进行分类预测。Zhang等人[29] 通过搜索深度图像中的头部极值位置来确定人员头部位置。同时，他们联合编码深度信息和深度图像局部边缘信息构建了一个用于描述人员头肩的HSD描述符。Wetzel等人[30] 为了应对人员形体或尺度的不断变化，他们使用深度图像中的高连通区域来描述人员的背部形状。Fujimoto等人[31] 在场景内各视角的检测器上建立一种场景生成模型，然后使用概率模型融合上述多视角图像，从而减弱人员间遮挡和测量噪声对检测任务造成的影响。Tian等人[32]将深度图像、深度模板和深度差信息联合编码为三种特征，随后叠加上述三种特征并将其输入至AlexNet网络[33]中进行分类。

上述基于深度图像的人员检测方法的优势在于其可以很好地划分前景区域和背景区域，能够帮助检测方法更正确地定位人员位置。但是，由于深度相机采集得到的深度图像仅能反映场景内各个物体的深度信息，导致深度图像缺乏人员的外观信息，容易将与人员轮廓相似的其他物体错认为人员，发生误检问题。同时，深度相机无法获取镜面等物体的深度信息，导致其采集得到的深度图像的部分区域存在空洞问题，影响卷积神经网络提取得到的特征质量，导致检测方法容易发生漏检问题。

1.2.1.3 基于RGB-D图像的人员检测方法

基于RGB-D图像的人员检测方法大多通过融合RGB图像和深度图像中的信息，来检测场景中的人员。该类方法可以较好地减缓光照条件不佳场景下RGB图像质量下降带来的误检、漏检问题。

Sun等人[34]首先从深度图像提取前景区域，并根据前景区域信息计算获取3D点云信息。随后，他们利用3D点云信息来获取人员头部区域，并对该区域人员进行识别。Huang等人[35]首先提取RGB图像中的HOG特征，并用SVM分类器对图像中的人员进行检测，随后，他们在深度图像上使用Adaboost分类器[36]来识别人员。Shah等人[37]将卷积神经网络（Convolutional Neural Network，CNN）和循环神经网络（Recursive Neural Network，RNN）结合，用以提取RGB-D数据中的高质量特征。Lian等人[38]提出了回归引导网络（Regression Guide，RDNet），该网络使用回归引导网络获取RGB-D数据的密度特征图，并将其用于预测人员头部类别。同时，他们将深度信息与锚点结合，用于人员边界框的生成与修正。

卷积神经网络作为一种有效的特征提取器，在行人检测、分类、跟踪等任务上都取得了很好的效果。Ophoff等人[39]分析了RGB图像和深度图像的特点和CNN网络结构，结果表明在CNN的中后层位置对RGB图像和深度图像融合可以得到质量最佳的特征。Gupta等人[40]提出了HHA编码，该编码首先将深度图像转化为水平视差、高度差以及角度三种信息，随后一次堆叠上述信息形成三通道图像。同时，他们分别将RGB图像和经HHA编码后的深度图像输入至双流CNN网络中提取并融合二者的特征，最后使用SVM分类器对特征类别进行划分。Zhang等人[41]使用blob-like区域提取方法在深度图像上定位人员位置，随后将深度图像信息与RGB图像信息融合，构建了用于识别候选人员类别的多通道颜色形状描述符（Multi-channel Color Shape

Descriptor，MCSD）。Zhang等人[42]首先在深度图像上选定人员区域，随后通过多个网络提取光流、深度和RGB信息，并使用全连接层融合上述三种信息。Zeng等人[43]设计了一种用于调整双流网络超参数的特征学习网络，同时他们根据决策融合方法理论（Dempster Shafer，DS）融合两个SVM分类器的分类结果。Ren等人[44]在双流网络的顶层位置处引入了多模态编码器，该编码器通过分析RGB图像和深度图像的潜在变量来提升后续双流网络获取得到的特征质量。

1.2.2 人员属性分类的研究现状

人员属性分类是室内人员跟踪系统的必要任务，也是评价跟踪系统智能程度的关键因素。该任务通过分析人员的外观信息来对人员属性进行判断，并在图像上将不同属性的人员进行标记。目前常见的人员属性包括：人员性别、人员年龄、人员表情等。

人员属性类别划分越准确，系统越能及时准确地对可疑人员或物体进行预警，为管理人员提供更加智能精准的决策数据，该系统的智能程度也越高。现如今，许多国内外研究人员提出了人员属性分类方法。本章节依据属性分类方法所使用的特征类别，将属性分类方法划分为基于手工特征的人员属性分类方法和基于卷积特征的人员属性分类方法，如图1-3所示。下文将分别介绍上述两种方法，并对每一种方法进行描述与总结。

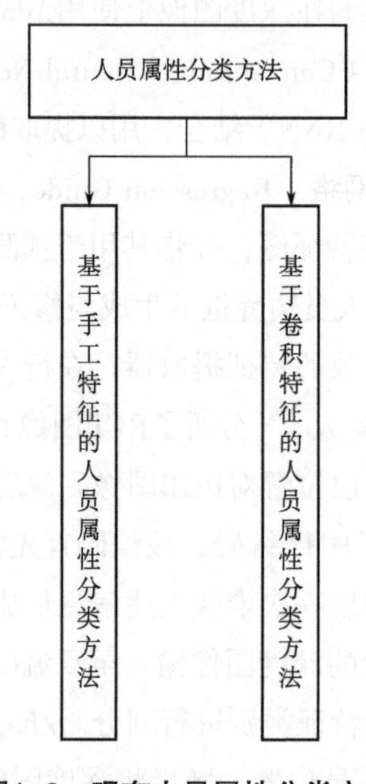

图1-3 现有人员属性分类方法

1.2.2.1 基于手工特征的人员属性分类方法

该类方法一般由手工特征提取和特征类别判断两个阶段构成。在手工特征提取阶段中，常见的手工特征提取方式包括：局部二值模式[45]（Local Binary Pattern，LBP）、方向梯度直方图[46]（Histogram of Oriented Gradient，HOG）、尺度不变特征变换[47]（Scale-invariant Feature Transform，SIFT）、主动外观模型[48]（Active Appearance Models，AAM）等方式。在特征类别判断阶段中，常见的判断方式包括：支持向量机[49]（Support Vector Machine，SVM）、K最近邻算法[50]（K-Nearest Neighbor，KNN）、隐马尔科夫模型[51]（Hidden Markov Model，HMM）等方式。

2013年，Tapia等人[52]提取人员的LBP特征，并将该特征输入至SVM分类器中判断人员性别属性，他们方法的准确度在Adience数据集[53]上达到了79.8%。Thomas等人[54]首先提取图像中的关键点信息来定位人员面部位置并将人员面部划分为多个区域，随后他们提取每个区域的HOG特征并将其输入至SVM分类器中对人员面部属性进行分类。Chao等人[55]提取人员的AAM特征并根据该特征识别人员的年龄属性。

该类方法具有计算量低、应用领域广泛的优点，但是该类方法难以应对复杂的光照场景，其类别判断的稳健性差，难以为后续的管理决策者提供准确有效的数据基础。

1.2.2.2 基于卷积特征的人员属性分类方法

随着深度学习技术的发展和卷积神经网络在机器视觉领域取得的成果，众多基于卷积特征的人员属性分类方法被研究学者提出。该类方法首先使用大量的图像样本训练卷积神经网络形成深度学习模型。随后将待分类图像输入至该模型中以提取高质量的卷积特征。

Carlson等人[56]利用预训练人脸分类网络提取人员面部特征，随后利用该网络的多层特征对人员属性做出综合判别。Liu等人[57]设计了一个端到端的深度学习框架，该框架包括LNet和ANet两个网络。其中LNet用于定位人员面部区域，ANet用于提取人员面部特征。他们的方法在CelebA和LFWA数据集上达到了87%和84%的识别正确率。Mahbub等人[58]利用语义分割思想，将人员面部切分为多个图像块，随后将这些图像块送入至对应的子网络中以判别该图像块对应的人员属性。

Rudd等人[59]设计了一个混合目标优化网络（Mixed Objective Optimization Network，MOON），该网络使用一个卷积神经网络同时学习多个人员属性。Zhong等人[60]在MOON算法的基础上，将原有属性分类方法中的特征共享位置由深层更换为中层，提升了属性分类任务的质量。Hand等人[61]根据人员面部各个器官间的位置相关性，设计了一个MCNN多任务网络以学习人员面部各个区域内的相关性。具体的，该网络共享浅层网络特征以学习人员面部的共性信息，随后根据人员面部不同区域的特点，分别学习用于辨别人员属性的深层特征。Han等人[62]根据人员面部属性的差异，将面部属性划分为顺序性和名词性，他们根据MCNN网络结构，设计了深度多任务学习网络（Deep Multi-task Learning CNN，DMTL-CNN），取得了不错的属性分类效果。

1.2.3 人员跟踪的研究现状

人员跟踪是室内人员跟踪系统中的一个重要组成部分，目前，室内人员跟踪系统中的相机跟随功能和人员流量统计功能大多依靠人员的运动轨迹进行分析或统计。现如今，大量国内外研究人员提出了人员跟踪方法，本章节依据跟踪目标的数量，将人员跟踪方法划分为单目标跟踪方法和多目标跟踪方法，如图1-4所示。下文将分别介绍上述两种方法，并对每一种方法进行描述与总结。

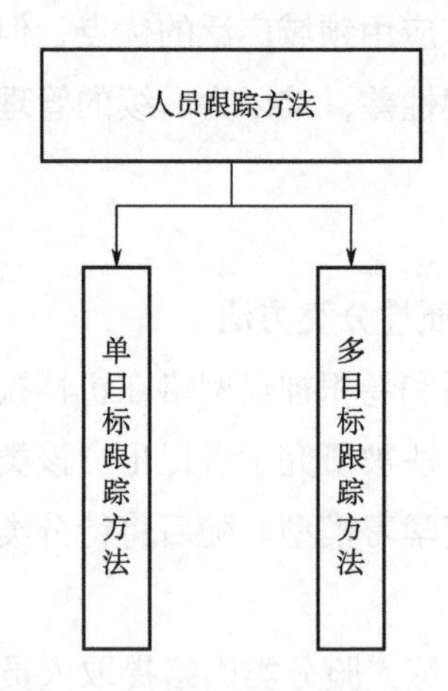

图1-4　现有人员跟踪方法

1.2.3.1　单目标跟踪方法研究现状

单目标跟踪方法是室内人员跟踪系统中的关键技术。管理人员在监控视频中框选出需要相机跟随的特定目标，随后单目标跟踪方法在视频中预测特定目标的位置，并根据特定目标的位置计算相机转动的角度。本章节依据单目标跟踪方法所使用的数据种类，将人员检测方法划分为基于RGB图像的单目标跟踪方法以及基于RGB-D图像的单目标跟踪方法。下文将分别介绍上述两种方法，并对每一类方法进行描述与总结。

（1）基于RGB图像的单目标跟踪方法。2010年，Bolme等人[63]首次将相关滤波器应用至目标跟踪任务中，提出了MOSSE跟踪器。当目标部分区域被遮挡、发生形变、场景光照条件发生变化时，该方法均具有较好的稳健性，但是该方法容易发生过拟合问题。为了解决这一问题，Henriques等人[64]设计了一种基于循环矩阵的采样方法来对目标周围区域采样。同时，他们还提出了新的优化方法来求解目标函数，这在一定程度上减缓了MOSSE跟踪器的过拟合问题。但是该方法的运算量较大，导致其跟踪速度有所下降。

2015年，Henriques等人[65]提出了KCF跟踪器，他们从RGB图像中提取方向梯度直方图（Histogram of Oriented Gradient，HOG）特征[46]来描述目标，同时他们将高斯核函数引入跟踪器中，进一步提高跟踪器的稳健性。同年，Nam等人[66]将深度学习引入单目标跟踪任务中，提出了MDNet。该方法采用了端到端的训练学习方式，其精度达到了当年的VOT竞赛[67]第一。

2016年，Held等人[68]提出了GOTURN跟踪器，该跟踪器采用离线学习的方式，在跟踪过程中不更新网络模型，减少了跟踪器的运算量。但是，相较于MDNet，该方法的跟踪精度较低。与此同时，部分研究人员将孪生网络引入目标跟踪器中。Bertinetto等人[69]利用全卷积神经网络特征平移不变性这一特点，使用孪生网络提取目标模板和搜索区域特征，并将上述两种特征进行互相关运算得到目标在搜索区域的位置。

2017年，Danelljan等人[70]使用卷积神经网络提取RGB图像的卷积特征，并将其与HOG特征和颜色特征进行融合，提出了ECO跟踪器。该跟踪器的跟踪质量得到了提升，但是该方法需要对将近80000个超参数进行更新，导致滤波器的跟踪速度受到影响。Valmadre等人[71]推导出相关滤波器的可微闭合解，并将该原理引入卷积神经网络中，提出了CFNet跟踪器。但是CFNet跟踪器无法较好地适应跟踪目标的尺度和比例变化。

2018年，Li等人[72]为了提高孪生跟踪器的跟踪框质量，适应跟踪目标的尺度和比例变化，他们将区域候选网络（Region Proposed Network，RPN）引入孪生跟踪器中，从而提升跟踪框质量。

随着深度残差网络的流行，2019年，Li等人[73]将深度残差网络思想与SiamRPN方法结合，提出了SiamRPN$_{++}$跟踪器。他们将数据增强策略与多层特征融合思想引入孪生网络结构中，进一步提升了孪生网络提取的特征质量。另外，Zhang等人[74]对孪生网络的主干网络宽度、深度和步长等因素进行分析，提出了孪生网络的设计思路。同时，他们设计了CIResNet网络结构以消除残差网络中的特征扩充操作对特征质量的影响。

上述基于RGB图像的单目标跟踪方法大多利用相关滤波器或卷积特征的相似性来确定目标位置。近年来，众多研究学者以孪生网络作为目标特征提取网络，并取得了一定的成绩。但是，这些方法十分依赖孪生网络提取得到的目标特征质量。在光照条件不佳或人员密集场景下，这些方法容易发生误跟或漏跟问题，影响方法输出的轨迹质量。

（2）基于RGB-D图像的单目标跟踪方法。K. Meshgi等人[75]提出利用一种潜在遮挡标志实现对遮挡感知的粒子滤波器跟踪框架。该框架可以预测遮挡情况，并在遮挡发生时扩大其搜索范围。Bibi 等人[76]将跟踪目标用稀疏的长方体（sparse part-based 3-D cuboids）表示，并将其与粒子滤波器结合用以跟踪目标。Kart等人[77]提出了一种深度掩码鉴别相关滤波器（DM-DCF），该滤波器根据深度掩码自适应调整相关滤波器以跟踪目标。最近，他们提出了基于目标重建的鉴别相关滤波器（OTR）[78]，该方法对跟踪目标进行三维重建以获得三维特征，并用其训练鉴别相关滤波器（DCFs）以稳健跟踪目标。Xiao等人[79]受到核相关滤波器的启发，设计了自适应深度模型和时空约束条件来融合RGB图像和深度图像信息，并利用融合后的信息对目标进行跟踪，实验证明该方法可以以14FPS的速度运行。Jiang等人[80]使用高斯伯努利深度玻尔兹曼机（Gaussian-Bernoulli Deep Boltzmann Machines，DBMs）提取RGB图像和深度图像的特征，但是该方法需要大量时间提取特征，无法实时运行。

上述基于RGB-D单目标跟踪方法针对RGB图像和深度图像的特点，通过构建目标的三维特征或融合RGB和深度图像信息来完成跟踪任务。但是，这类方法需要消耗大量的时间构建目标的三维特征，降低了跟踪方法的运行速度。同时，RGB图像和深度图像中仍存在部分冗余信息（例如RGB图像上的背景信息、深度图像中的空洞信息），这降低了融合后的特征质量，降低了目标跟踪任务的精度。

1.2.3.2 多目标跟踪方法研究现状

多目标跟踪方法是室内人员跟踪系统中的关键技术。跟踪系统自动地在监控视频中框选出场景内所有人员，随后多目标跟踪方法通过目标的外观信息或运动信息输出室内所有目标完整的运动轨迹，并根据目标的运动轨迹统计人员流量信息。本章节依据多目标跟踪方法所使用的数据种类，将多目标跟踪方法划分为基于RGB图像的多目标跟踪方法以及基于RGB-D图像的多目标跟踪方法。下文将分别介绍上述两种方法，并对每一类方法进行描述与总结。

（1）基于RGB图像的多目标跟踪方法。基于RGB图像的多目标跟踪方法主要利用RGB图像中的外观信息对场景内的所有待跟踪目标进行跟踪。近年来，研究学者提出了大量的多目标跟踪方法。部分研究者将多目标跟踪任务转化为数据关联任务。他们将匈牙利算法、KM方法等数据关联方法融入多目标跟踪方法中的轨迹关联模块中。这类方法依据外观信息或运动信息形成完整的目标轨迹。还有一部分研究学者将多目标跟踪任务转化为多个单目标跟踪任务。他们通过改进单目标跟踪方法来提升跟踪的稳定性。

综上所述，本章节依据多目标跟踪任务的不同解决方案，将多目标跟踪方法划分为基于数据关联的多目标跟踪方法和基于单目标跟踪方法的多目标跟踪方法两种。

①基于数据关联的多目标跟踪方法：基于数据关联的多目标跟踪方法主要由目标检测模块和轨迹关联模块两部分组成。这类方法首先通过目标检测模块检测当前场景内所有目标位置信息。随后，轨迹关联模块根据当前场景内所有目标位置信息和现有多条轨迹的外观信息或运动信息计算匹配置信度，并根据匹配置信度关联当前场景内所有目标位置信息和现有多条轨迹。经过视频序列多次迭代，最终形成完整的目标轨迹结果。

Naiel等人[81]在粒子滤波框架内建立了一种检测器与跟踪器的校正模型，他们将每个检测区域看作一个重要性采样样本，利用检测响应与跟踪器的逐帧数据关联实现在线多目标跟踪。Eiselein等人[82]提出一种基于高斯混合概率假设密度（Gaussian Mixture Probability Hypothesis Density，GMPHD）的多目标跟踪方法。并且，该方法还融合多目标检测结果，提升多目标跟踪质量。Bewley等人[83]通过Faster R-CNN目标检测方法[20]对场景中的目标进行检测，随后利用卡尔曼滤波器预测每一个目标的运动位置，并根据目标的运动信息使用匈牙利算法将检测结果与每一个目标的轨迹进行关联，形成多个目标的运动轨迹。为了进一步提升目标的身份信息辨别能力，Bewley等人[84]对其提出的SORT跟踪方法[83]进行了改进，他们利用行人重识别网络提取目标的外观信息，并将目标的外观信息和运动信息相结合，用于关联目标轨迹，提升了跟踪的质量。Bochinski等人[85]对IoU（Intersection over Union，IoU）函数进行了改进，提出了IoU跟踪器。他们使用目标检测器对场景中的目标进行检测，随后以目标与其轨迹的距离为依据进行关联，形成多目标轨迹。Sheng等人[86]使用GoogLeNet[87]来提取目标的外观特征，利用特征的余弦距离来计算检测区域和轨迹区域间的相似程度，随后结合运动信息和相似程度对所有轨迹进行优化。

但是，该类方法过于依赖检测方法的结果质量，如果检测方法漏检或错检场景中的目标位置，跟踪方法输出的轨迹会受到较大的影响，造成跟踪轨迹ID切换次数较高的问题，难以获得目标完整的运动轨迹。并且，该类方法仅根据目标的位置信息或外观信息进行目标管理，难以正确跟踪辨别场景内外观相似、距离较近的多名人员，导致跟踪结果偏移。

②基于单目标跟踪方法的多目标跟踪方法：基于单目标跟踪方法的多目标跟踪方法主要由目标检测模块、单目标跟踪模块两部分组成。该类方法首先通过目标检测模块检测当前场景下所有目标位置。随后单目标跟踪模块为场景内的每一个目标设置单目标跟踪器，用于获取对应目标的运动轨迹。在跟踪过程中，目标检测模块定时检测场景内目标位置，并将场景内的目标位置传入单目标跟踪模块中创建目标轨迹或修正已有目标轨迹信息。

Comaniciu等人[88]将均值漂移方法应用到多目标跟踪任务中，他们首先预测当前帧图像中的目标位置，随后采用Bhattacharyya系数计算跟踪目标与候选目标的外观相似度，最后根据外观相似度预测跟踪目标的位置并输出跟踪轨迹。Avitzour[89]和Gordon[90]最早将粒子滤波方法引入多目标跟踪任务中，随后众多研究学者对其进行改进。Daneseu等人[91]分别针对整体状态空间和个体状态空间，设置一个全局粒子滤波器和多个局部粒子滤波器来对场景内的多个目标位置进行估计，最终融合全局粒子滤波器和局部粒子滤波器的结果，输出得到目标估计状态。

随着深度学习和单目标跟踪技术的发展，一些研究学者将Siamese单目标跟踪方法引入多目标跟踪任务中。Yin等人[92]提出了一个多目标跟踪方法UMA，该方法通过SiamFC单目标跟踪器对场景中的每一个目标进行跟踪，随后使用SiamFC提取的外观特征关联轨迹，减少了特征提取的计算量。Feng等人[93]利用SiamRPN单目标跟踪器获取目标的短期跟踪轨迹，随后利用行人重识别网络提取目标的外观特征，计算目标间的匹配置信度，并依据匹配置信度关联多段短期轨迹形成多目标跟踪轨迹，解决了长时间跟踪导致的目标偏移问题。Chu等人[94]首先使用Siamese-style单目标跟踪器对场景内的所有目标进行跟踪，获取目标的运动堆积轨迹。随后将Siamese单目标跟踪器与目标外观相似度网络合并，使用Siamese跟踪器的特征提取网络（backbone）得到的特征来计算多个目标与轨迹段间的相似程度，并使用R1TA Power Iteration Layer[95]对所有目标轨迹进行关联。Zhu等人[96]对单目标跟踪器ECO跟踪器[70]进行了改进，利用ECO跟踪器生成的响应图对场景中的所有目标进行跟踪。同时他们利用Bi-LSTM网络[97]提取了检测区域与目标轨迹历史区域的特征，用于关联优化多目标轨迹。

该类方法一方面可以获取场景内新出现目标位置，确保跟踪方法可以准确全面地输出场景内所有目标的轨迹。另一方面可以及时删去移出场景的目标轨迹，减少系统资源的冗余消耗。但现有的多目标跟踪方法都未对检测结果的正确性进行判断，当目标检测模块发生误检错误时，该类方法易在错误的目标位置上建立目标轨迹，导致多目标跟踪方法输出大量错误轨迹数量，降低了多目标跟踪方法的轨迹质量。

（2）基于RGB-D图像的多目标跟踪方法。基于RGB-D图像的多目标跟踪方法主要提取RGB图像和深度图像中的外观信息和距离位置信息，随后利用外观信息和距离位置信息对场景内的所有待跟踪目标进行检测，最后利用目标的外观相似程度或目标的运动信息关联形成目标的运动轨迹。

Chrapek等人[98]将RGB跟踪器TLD（Tracking-learning-detection）[99]扩展到深度序列中。他们将深度图像作为跟踪阶段的附加特征提升特征质量，同时他们计算跟踪目标的深度均值变化来判断目标的遮挡状态和尺度信息，并根据目标的遮挡状态和尺度信息来改进方法的检测结果。Qi等人[100]将光流信息、颜色信息和深度信息结合，提出一个多线索跟踪框架。他们在RGB图像上计算目标的光流信息，并依据光流信息粗略估计目标的运动信息，然后将目标区域划分为四个子区域（顶部、底部、左侧、右侧），并对每一个图像子区域计算颜色直方图分布特征和目标深度均值信息。随后，根据目标的颜色直方图分布和目标深度均值信息关联目标轨迹。Liu等人[101-103]使用目标的外观颜色直方图特征和深度直方图信息从RGB-D数据中检测场景内的所有目标，然后针对每个目标建立运动轨迹，通过预测位置和外观特征的相似性来进行关联。Ma等人[104]在RGB图像和深度图像中使用基于HOG特征的DPM目标检测器[105]以检测目标位置。随后他们使用基于条件随机场的方法[106]（The conditional random field-based approach）来解决数据关联和轨迹估计。

但是上述方法仅利用深度图像提取目标的浅层特征（边缘、纹理信息等），没有充分利用深度图像的深层语义信息。并且，上述方法提取得到的深度特征仍包含深度图像的空洞区域，导致深度特征仍包含大量冗余的空洞信息，难以提取高质量的RGB-D特征来辨别场景内的目标，制约了多目标跟踪方法的目标辨别能力。

1.2.4 人流量统计的研究现状

人流量统计所涉及的关键技术有：多人员跟踪和双向人员计数。多人员跟踪通常是利用当前帧的人员检测结果初始化跟踪器，并将后续帧的检测结果与跟踪器相关联，从而记录人员的运动轨迹。双向人员计数是利用人员的运动轨迹判断其横向（左、右）和纵向（上、下）的实际运动方向，并对双向经过计数线的人员进行计数。下文针对多人员跟踪方法和双向人员计数方法两方面对前人的工作进行描述和总结。

（1）多人员跟踪方法。基于RGB图像的多人员跟踪方法是仅利用彩色图像视频序列，对场景内的所有人员进行跟踪匹配，如SORT[83]、DeepSort[84]、DeepMoT[107]

等，这些算法设计思路简单精巧，在保持高帧率的情况下获得了良好的性能，兼具实时性和高拓展性而广受欢迎。SORT算法通过Faster R-CNN检测行人，采用卡尔曼滤波算法预测目标的运动状态，并通过匈牙利算法将检测结果与已有目标轨迹关联，使得算法有很高的效率。但SORT算法显著的缺陷是目标丢失严重，会出现目标ID频繁切换的问题。DeepSort算法使用在大规模行人重识别数据集上预训练的CNN网络，提取被检测目标的外观特征以增强对目标的特征表示，并引入一种级联匹配策略来提高匹配精度，改善了目标ID频繁切换的问题。

部分研究提出利用深度数据来优化多目标跟踪方法。Camplani等人[108]一方面利用深度信息减少跟踪器的搜索空间，另一方面增强目标的3D形状信息和特征描述来发现可匹配的候选轨迹。Munaro等人[109]通过组合运动、颜色外观和人员检测置信度三项组成的联合似然最大化关联检测和已有轨迹。王晨阳[110]提出一种基于深度图的核相关跟踪方法，增加了对于遮挡的判断和处理。Zhang等人[111]设计融合模块进行RGB-D多模态特征的融合，采用邻接估计器引导最小代价流图以完成人员的匹配关联。周政[112]在视频目标分割方法OSVOS的基础上引入深度信息，并增加结合时序信息更新跟踪器的策略，以期增加在复杂场景下行人轮廓跟踪效果。孙肖祯[113]将行人重识别算法用于RGB-D视频序列的行人跟踪，利用CNN提取行人目标特征并计算余弦相似度完成匹配。

（2）双向人员计数方法。现有双向人员计数工作大多仅考虑纵向或横向的人员计数，以沿相机镜头的纵向计数居多，依据计数方式主要可以划分为基于单计数线[114–118]、基于双计数线[119–122]以及基于多计数线的方法[123]。

基于单计数线的方法。Haq等人[114]的计数过程完全取决于人员的运动方向，其设置一条特定阈值的计数线，判断前后两帧人员边界框的底部通过计数线的方向，对上、下公交的乘客进行纵向计数。朱林峰[115]以垂直拍摄视角下的红外视频序列作为研究背景，以每个行人的边框中心点记录其运动轨迹，依据轨迹对上、下方向越过单计数线的人员进行纵向计数。张开生等人[116]在感兴趣区域设置单计数线，依据目标的运动轨迹是否经过计数线来统计人员数量。殷涛等人[117]将目标的起始位置和后续各帧的位置保存在集合中，设置单计数线作为检测区域的中心，然后根据集合的首、末元素的位置差判断人员的运动方向进行上、下方向的纵向计数。李子彦[118]的工作是以垂直拍摄视角下的地铁人流量统计为目的，对比了基于单计数线、双计数线以及计数区域三种不同的人员计数方法，最终选择基于单计数线的计数方式，并通过轨迹方向向量处理方向变化和人员折返情况，完成地铁上、下车的纵向人流量统计。

基于双计数线的方法。He等人[119]采用YOLOv3组合SORT多目标跟踪算法完成对行人目标的检测与跟踪，利用双计数线分隔出开始区域、计数区域和结束区域，当目标从开始区域出发，经过计数区域到达结束区域后，则计数一次，相反方向的计数可以通过按不同顺序划分区域来实现。张小红[120]设置左、右两条计数线分别记为出、进检测线，当目标起始位置在出检测线的左边时，标记状态为1，而在进检测线右边记为 0，通过状态变化对左、右进出的人员进行横向计数。李仁刚[121]设置左、右双虚拟线对左右双向经过的人员进行横向计数，当人员通过第一条计数线时开始记录其位置，跟踪该人员直到其越过第二条虚拟线，依据越过两条线的先后顺序判断方向并统计人数。刘军[122]设置双计数线，依据运动轨迹越过两条线的先后顺序，统计上、下方向经过监控区域的纵向人员流量。

基于多计数线的方法。张汝峰等人[123]提出了一种基于5线4通道的人员计数方法，5条计数线划分出4个计数通道，当目标连续通过2条线时开始计数，依据其经过2条计数线的先后顺序判断人员上、下运动方向并统计纵向人员流量。

1.3 本书内容与主要贡献

1.3.1 本书内容

本书的研究目标是实现在多种室内环境下精准检测跟踪室内人员，要求检测结果对于频繁遮挡、光照和背景变化有较强的稳健性；同时，要求对视频序列中多人员的准确匹配，并记录每位人员的运动轨迹和遮挡状态，实现轨迹不间断的目标跟踪；另一方面，本书通过两个实际应用案例：面向密集人群场景的人脸检测系统及面向疫情防控的口罩佩戴情况识别系统，研究上述目标检测与跟踪技术在实际工程应用中的可行性和有效性。

围绕以上研究目的，本书主要工作内容如下：

（1）基于全局上下文信息与知识蒸馏的RGB人员检测算法。研究双边滤波MSRCR图像增强技术，通过预处理提升低光照下人脸检测效果；设计反馈式全局上下文融合模块和改进的视觉注意力模块，解决小人脸和遮挡问题，增强辨别能力；采用特征解耦的知识蒸馏方法和教师助理机制，构建高精度轻量级检测模型，实现高效落地应用。

（2）基于非对称自适应特征融合的RGB-D人员检测算法。研究能够兼顾RGB和Depth特征之间差异和共性的RGB-D双流网络，提取有效且通用的RGB-D特征；

为提升算法对检测不同尺寸目标的适应性，研究提取深度模态的多尺度特征；研究自适应融合RGB-D多模态特征，学习多模态通道间的关联模式增强特征映射能力。

（3）基于非对称孪生网络的多目标跟踪算法。分析RGB图像和深度图像的卷积特征特性和人员的运动轨迹特性，针对现有多目标跟踪算法易发生轨迹断连或生成错误轨迹问题，设计一种用于提取人员高质量RGB-D特征的特征提取网络和轨迹优化策略，提升人员轨迹的质量。

（4）基于RGB-D的目标检测与跟踪算法在实际场景中的应用。研究和设计两种应用系统：基于RGB的密集人群场景的人脸检测系统以及基于RGB-D的室内人员佩戴情况识别系统。

1.3.2 主要贡献

（1）RGB人员检测方法创新。

①提出一种双边滤波MSRCR图像增强技术，通过预处理提升低光照下的人脸检测效果。

②提出基于反馈的全局上下文融合模块和改进的视觉注意力模块，提升小人脸辨别能力并降低误识别率。

③提出基于知识蒸馏的轻量级人脸检测模型，并通过特征解耦和教师助理提高蒸馏效果。

（2）RGB-D人员检测方法创新。

①提出一种非对称型RGB-D双流网络，兼顾RGB和Depth特征的差异和共性，提取有效且通用的RGB-D特征表示。

②提出一种用于Depth网络流的特征金字塔结构，获取深度图像的多尺度特征表示，提高检测算法对不同尺寸目标的适应性。

③提出一种自适应RGB-D通道加权模块，自主学习通道间关联模式来融合RGB-D多模态特征，提高特征融合的效率。

（3）基于非对称孪生网络与注意力机制融合的多目标跟踪方法创新。

①提出一种非对称双流Siamese网络，均衡RGB特征信息和深度特征信息，提取目标高质量的RGB特征和深度特征。

②提出一种RGB-D特征融合方法，利用注意力机制加权融合RGB特征和深度特征，减少融合后的RGB-D特征的冗余信息。

③提出一种轨迹优化方法，引入视频序列时序上下文信息，分析跟踪算法是否

在错误的目标位置上建立目标轨迹，并依据判断结果裁剪错误的目标轨迹，提升多目标跟踪质量。

1.4 本书的结构安排

本书共划分为七个章节，具体内容安排如下：

第1章　介绍论文研究背景、研究意义以及前人工作，主要内容包括目标检测和跟踪技术的现实意义以及面临的挑战，介绍人员属性识别和人流量统计的研究现状，最后总结本书的主要内容及创新点。

第2章　介绍成像传感器的工作原理和深度图像的特点，首先对传感器的分类、成像原理以及各自优缺点进行描述，重点分析了深度图像的图像特性。

第3章　主要介绍基于全局上下文信息与知识蒸馏的RGB人员检测算法。首先阐述面向密集人群场景的RGB人员检测网络的设计思想和网络结构；然后提出双边滤波MSRCR图像增强预处理技术，提升模型在低光照条件下的检测效果；其次设计基于反馈的全局上下文模块和改进的视觉注意力模块，增强对密集人脸的辨别能力；紧接着提出基于知识蒸馏的轻量级人脸检测模型，最后对实验数据和实验细节进行了介绍，并将实验结果与现有方法进行定量比较和分析，表明所提算法的先进性及基于RGB进行人员检测的局限性。

第4章　主要介绍基于非对称自适应特征融合的RGB-D人员检测算法。首先对卷积可视化结果进行分析，阐述非对称RGB-D双流网络的设计思想和网络结构；然后设计深度特征金字塔，实现深度特征在指定层级的多尺度融合；其次设计自适应通道加权模块，实现对RGB-D多模态特征通道进行加权融合；紧接着介绍多分支预测网络的实现细节和网络结构，最后介绍了实验数据和实验细节，并针对实验结果与已有工作进行定量比较和分析，表明所提算法的先进性。

第5章　主要介绍基于非对称孪生网络的多目标跟踪算法。首先介绍多目标跟踪算法的总体框架，然后详细介绍多目标跟踪算法中的核心模块，即轨迹生成模块以及轨迹优化模块。最后是实验结果与分析。

第6章　主要介绍本书中的目标检测与跟踪算法的两个应用案例。应用案例一聚焦于基于RGB的密集人群场景的人脸检测系统，首先进行需求分析，接着介绍系统的开发环境及各模块设计，最后通过实际场景运行验证系统的有效性。应用案例二介绍基于RGB-D的室内人员口罩佩戴情况识别系统，首先进行系统需求分析；然后介绍系统的开发环境及系统各关键功能组件的工作流程，通过展示系统的界面对系统功能进行介绍；最后，通过在实际使用场景的运行验证有效性。

第7章　总结与展望，对基于RGB-D融合的目标检测和跟踪算法进行总结，并对未来开展目标检测和跟踪的研究方向做出展望。

第2章 成像传感器及特性

2.1 引言

本章主要介绍基于RGB-D的人员检测方法所采用的深度采集设备、深度图像特性以及相关技术原理。首先介绍深度传感器的背景和应用，然后对深度传感器依据成像原理不同进行分类，并阐述各类传感器的基本工作原理和优缺点，最后介绍本章所使用的深度图像的特性，总结并讨论了深度图像相比较于 RGB图像在人员检测方面的优缺点。

2.2 成像传感器介绍

传统RGB成像传感器是一种广泛应用于图像捕获的设备，它利用红、绿、蓝三种颜色的光线组合来形成彩色图像。这种传感器通过捕获光的强度和颜色信息，将观察到的场景转换为二维图像，呈现出丰富的视觉细节。尽管RGB成像传感器在许多应用中表现优异，但其固有的二维平面表示限制了对物体深度和空间关系的理解，导致在复杂环境下的物体识别和场景重建存在困难。

深度传感器是一种用于捕获场景内深度信息的感知设备，其能够对观察到的场景进行密集的三维几何测量，从而克服传统彩色相机固有的二维平面表示。深度传感器测量从观测点到目标的实际距离，并将这些距离信息记录为二维图像的像素点，最终以深度图像的形式呈现给用户。

2010年微软公司推出的Kinect v1.0将可见光传感器与深度传感器融为一体，其以低廉的价格、先进的姿势识别技术和人机交互技术令深度传感器走入大众的视野。在过去的十年里，诸如Asus Xtion Pro、Intel Realsense等大量深度传感器开始逐渐普及，甚至能在最新一代的移动设备中看到其应用。深度传感器凭借其深度感知技术的优势，推动了无人驾驶、智慧建筑、三维立体重建、虚拟现实等领域的飞速发展。

深度传感器依据测量方式的不同可分为被动距离传感器和主动距离传感器。

（1）被动距离传感器。是指传感器不需要通过改变场景来获取深度值，其原理与人类三维视觉类似，是基于两个或多个传统单色或彩色摄像头的输入实现的。仅利用两个单目摄像头进行深度测量也被称为立体重建，代表性的深度传感器产品为双目相机。

（2）主动距离传感器。其不同于被动距离传感器，设备本身需要发射能量来完成深度信息的采集，即利用附加光源主动修改场景来达到简化重建的目的。依据其向场景投射光源的不同，可以将主动距离传感器分为结构光相机、飞行时间（Time of Flight，ToF）相机。

下文分别对单目RGB相机、双目相机、结构光相机、ToF相机的工作原理和优缺点展开描述。

2.2.1 单目RGB相机

单目RGB相机使用单个摄像头捕捉光信号，利用光学系统（镜头和光圈）聚焦光线，并通过图像传感器（如CCD或CMOS）将光信号转化为电信号。该相机采用颜色滤光片阵列对图像进行颜色分离，生成红色、绿色和加粗通道的数字信号，并通过图像处理算法将这些信号组合成彩色图像。这一过程实现了三维场景到二维图像的映射，使得相机能够有效地捕捉和再现真实世界的视觉信息，广泛应用于计算机视觉、自动驾驶和增强现实等领域。针孔相机模型是最简单的单目RGB相机模型，其工作原理如图2-1所示。

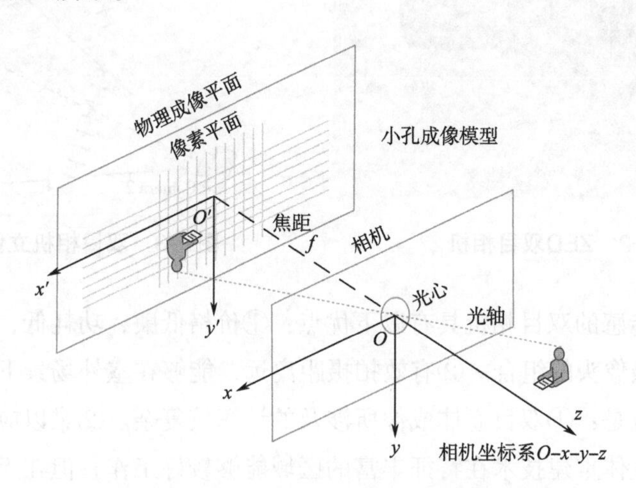

图2-1 针孔相机模型工作原理

单目RGB相机具有以下优点：①相比于双目或多目相机，单目RGB相机的成本较低，制造和维护都更为简单。②单目相机体积小，适合移动应用，易于集成到各种设备中，如手机、无人机等。③许多单目RGB相机可以提供高分辨率图像，适用于拍摄细节丰富的场景。其缺点是：①单目RGB相机缺乏深度信息使其在三维重建和复杂场景识别中受到限制。②对光照条件高度依赖，容易在低光或高对比度环境中图像质量下降。③在密集场景中易因遮挡问题导致目标识别困难。④利于单目RGB相机提取深度信息时，通常需要依赖计算机视觉算法，如单目深度估计，这会增加计算的复杂性和资源需求。

2.2.2 双目相机

双目相机的灵感来源于人类双眼的立体视觉成像，由两个传统的彩色摄像头组成，利用三角测量技术实现对场景深度的测量，如图2-2展示了一种常见的双目相机。双目立体重建的原理是：首先通过两个相隔一定距离的RGB摄像头同时获取同一场景的左右两幅图像；然后采用立体匹配算法找到左右视图之间的对应像素点，即两个图像中观察到场景中相同3D位置的像素；最后从两个对应像素点出发，依据三角原理计算出两个观测点的视差信息，并将视差信息转化为可用于表征场景深度的深度图像。双目相机立体重建原理如图2-3所示。

图2-2 ZED双目相机

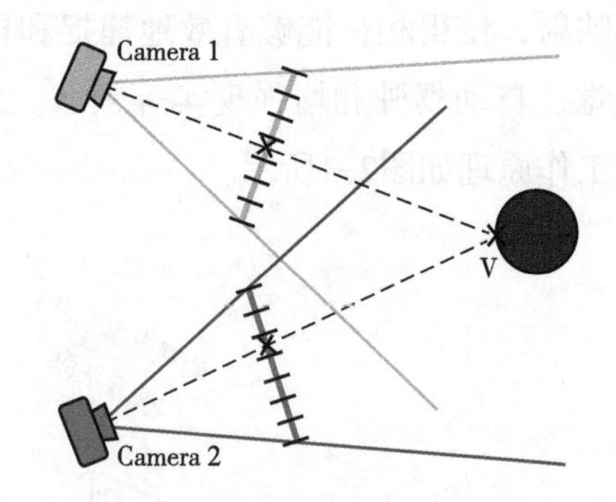

图2-3 双目相机立体重建原理

基于被动传感的双目相机具有以下优点：①价格低廉，功耗低，因为它是基于两个普通RGB摄像头的组合。②有效拍摄距离远，能够在室外场景下拍摄较远距离的目标。其缺点是：①双目立体成像所涉及的计算较复杂。②难以应用于夜间低照度下拍摄。③立体重建技术在特征丰富的区域能够较好工作，但在无特征区域中匹配对应像素点可能会失败，从而导致场景深度信息的丢失。主动传感方式在一定程度上能够缓解这一问题。

2.2.3 结构光相机

结构光相机是一组由投影仪和摄像头组成的采集系统，结构光则是一种具有特定模式的光，其具有例如点、线、面等模式图案。基于结构光获取深度图像的原理是：首先将一种具有独特模式结构光投射至物体表面，为对应点匹配添加额外的特征，从而简化了特征匹配和深度计算；然后使用摄像机接收该物体表面反射的结构光图案，由于不同深度的物体其接收图案会发生不同程度的变形，从而呈现出不同的图案；最后通过该图案在相机上的位置和形变程度来计算物体的深度信息。基于结构光的原理，微软公司推出一款低价优质的深度传感设备，即Kinect。Kinect在捕获RGB图像的同时能够获取场景的深度图像，被广泛应用于人机交互（Xbox体感游戏）、机器人、机器视觉等领域。微软共发布了两代的Kinect设备v1.0与v2.0。本章所使用的深度图像均来自Kinect v1.0采集。

Kinect v1.0的实物图如图2-4所示。Kinect相机是利用以结构光为基础进行改进后的光编码（Light Coding）技术捕获物体的深度信息。其成像原理是：首先红外投射器投射出随机的激光光斑即结构光到拍摄场景中，然后通过红外CMOS摄像头采集所标记的结构光图案，最后交由处理芯片进行计算获得最终的场景深度数据。在深度计算过程中，Kinect相机的骨架坐标系和深度坐标系是以红外摄像头为中心的右手坐标系，深度值Z为红外观测点到目标点的距离在Z轴方向的投影，而不是两点之间的线性距离，深度计算方式如图2-5所示。

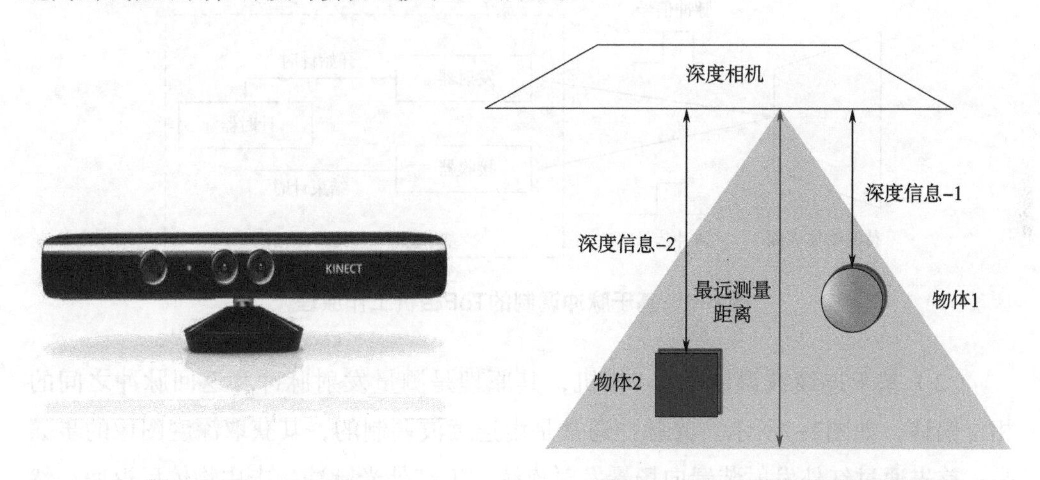

图2-4 Kinect v1.0　　图2-5 Kinect相机深度计算方式

Kinect v1.0采集的RGB图像和深度图像的分辨率分别为640×480和320×240，帧率固定为30帧。其有效测距范围为0.8~4.0米，距离测量精度与物体到摄像头的距离成反比，即距离越大测量精度越小，在深度2米处测量精度能达 1厘米，而当距离到达4米时，则测量误差接近0.2米。

基于结构光的Kinect相机具有以下优点：①采用红外光源辅助成像，使其能够在夜间低照度条件下稳定成像。②操作简便，能够避免大量计算从而一步获取配准的RGB-D图像。③解决了场景中无特征区域的对应点匹配问题。其缺点是：①测距范围受限，远距离采集时会导致大量深度缺失。②对强光照以及镜面反射敏感，影响红外线的投射和接受。

2.2.4 ToF相机

飞行时间（ToF）技术借鉴了许多动物采用的主动距离感知方式，如鲸鱼利用声呐测量声波的往返时间。同样，ToF相机的基本工作原理是通过测量所发射光脉冲的飞行时间，进而计算相机到物体的距离。通常基于ToF技术的深度传感器可以分为以下两类：

（1）基于脉冲调制的ToF相机，其原理是基于快门和时钟来测量光脉冲的往返时间，如图2-6所示。光脉冲通常为激光，由于光速恒定，因此场景深度可以计算为实际测量往返距离的一半。基于逐点测量的ToF传感器，也被称为光检测和雷达（LiDAR）测距，常用于自动驾驶等户外远程测量。但是由于光速极快，就要求测量时钟必须非常精准，否则测量获得的深度将不准确。

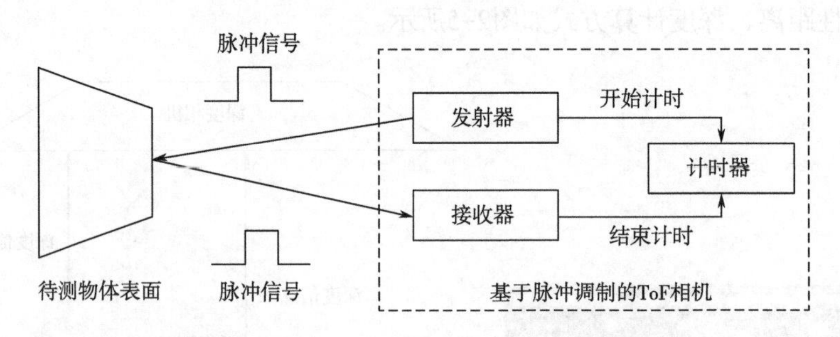

图2-6 基于脉冲调制的ToF相机工作原理

（2）基于连续波调制的ToF相机，其原理是测量发射脉冲和返回脉冲之间的相位偏移，如图2-7所示。光脉冲通常是由连续波调制的，其获取深度图像的步骤是：首先通过红外发射装置向场景发射连续的近红外光脉冲，击中物体后返回；然后利用传感器接收反射回的光脉冲信号；进而比较发射光脉冲与反射的光脉冲的相位差，推算物体相对于红外发射器的距离来获取深度信息；最后结合可见光相机拍摄的RGB图像，就能将物体的三维轮廓以颜色到距离映射的方式呈现出来，得到完整的深度图像。目前商用的ToF相机多采用基于连续波调制的测量方式，如Kinect v2.0、Creative Senz3D。

基于ToF技术的相机具有以下优点：①测量方式简单且响应迅速。②在夜间低照度环境下也能够稳定成像。③有效测距范围大。其缺点是：①ToF产品价格普遍昂贵。②对强光照、强红外线以及镜面反射敏感。③光脉冲的多路径干涉效应影响重建质量。

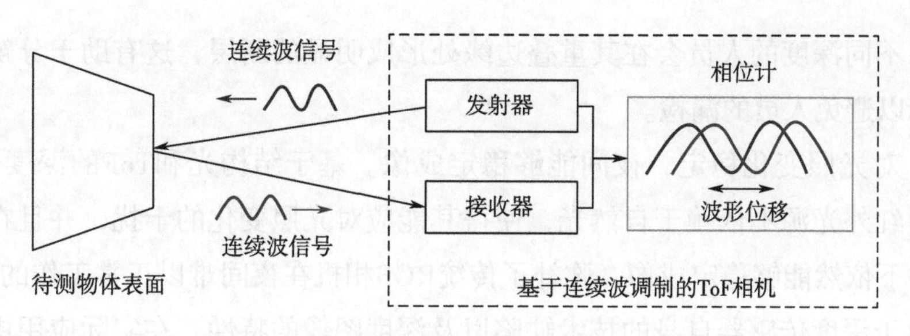

图2-7　基于连续波调制的ToF相机工作原理

2.3　深度图像特性

RGB图像缺乏深度信息，无法直接获取物体的相对位置和距离，限制了对三维结构的理解。其次，RGB图像对光照变化敏感，光照条件的不同可能显著影响颜色和对比度。此外，遮挡问题在RGB图像中更为明显，后面的物体可能完全被遮挡，导致信息丢失。

深度（Depth）图像是指将深度传感器测得的场景中各点到相机的距离（深度）转化为像素值而获得的图像，其直接反映了物体表面的几何形状和场景深度。RGB图像及其对应的深度图像如图2-8所示。相比RGB图像，深度图像具有以下优势：

（a）RGB图像

（b）Depth图像

图2-8　RGB图像及其对应的深度图像

（1）能有效分离前景和背景。观察图2-8（b）的深度图像可知，场景的深度值与图像的灰度值成正比，即距离相机越近的物体其呈现在深度图像上的颜色越暗，相反则越亮。通过这种成像机制，使得深度值较小的物体与深度值较大的背景实现自动分离，从而降低杂乱背景对人员检测的干扰。

（2）能够突出目标轮廓，有效区分重叠目标。当场景内的人员发生重叠遮挡时，具有不同深度的人员会在其重叠边缘处形成明显的断层，这有助于分辨出两个不同目标以避免人员的漏检。

（3）对光照变化稳定，夜间能够稳定成像。基于结构光和ToF的深度传感器，其附加的红外光源不依赖于自然光，使得其能应对光照变化的干扰，并且在夜间低照度条件下依然能够稳定成像，弥补了传统RGB相机在夜间难以正常工作的不足。

但由于深度传感器自身的技术缺陷以及深度图像的特性，在实际应用中依然存在以下待解决问题：

（1）存在大量深度缺失造成的图像空洞。由2.2节对Kinect的分析可知，深度图像的质量受到深度传感器成像范围以及镜面反射的限制，当超出测距范围或者镜面反射严重时，会导致深度信息的缺失，反映在深度图像上会出现大小不一的黑色空洞，其中空洞处的灰度值为0。当大量图像空洞出现在目标识别的关键区域时，会使得难以从该区域提取具有辨识力的目标特征，从而导致检测失败。因此在使用深度图之前，通常需要对图像空洞进行合理填充。

（2）难以应对强红外线的干扰。Kinect采用红外投射器和红外摄像头完成结构光的投射和接收，但在强红外线条件下，外界辐射的红外线会严重干扰相机红外设备的正常运行，使其无法捕获到真实结构光图案。而在太阳光中，红外线占比约为22%。因此Kinect不适用于空旷的室外环境，而更适合在中等面积的封闭室内进行应用。

（3）缺乏目标的细节特征和高级语义特征。深度图像唯一关注的是物体到相机的距离，其包含了更多目标的边缘轮廓特征。而作为代价，深度图像丢失了目标的许多细节特征（如颜色、表面纹理）和高级语义特征（如人的五官、身体部位），这使得难以从中提取具有区分度的语义特征，增加了目标分类与识别的难度。因此通过组合RGB图像和Depth图像实现多模态特征互补的RGB-D方法应运而生，本章正是据此提出了一种基于自适应多模态特征融合的RGB-D人员检测算法以及融合深度信息的多人员跟踪及双向人流量统计算法。

2.4 本章小结

本章首先介绍了深度传感器应用前景和种类划分，分析了不同类别传感器的工作原理和优缺点，然后介绍了深度图像的成像特性，分析了深度图像相比可见光图像的优势以及实际应用过程中需要解决的问题，为后续人员检测和人流量统计提供了数据支撑和理论依据。

第3章 基于全局上下文信息与知识蒸馏的 RGB 人员检测算法

3.1 算法总体架构

基于RGB图像的人员检测仍然是当前的主流方法，然而，RGB图像容易受到光照变化、频繁遮挡和杂乱背景等因素的干扰，本章提出一种基于全局上下文信息与知识蒸馏的RGB人员检测算法。该方法结合图像增强技术、高精度检测算法与模型轻量化等手段，实现复杂场景下基于RGB图像的高效人员检测。算法架构主要如下三部分：

（1）MSRCR图像增强技术设计。针对人脸检测算法在低光照条件下亮度低，对比度差影响检测效果的问题，提出一种双边滤波MSRCR图像增强技术，首先对图像进行预处理，提高图像质量，然后再进行检测，提升模型在低光照条件下的检测效果。

（2）全局上下文与视觉注意力模块设计。针对人脸检测在密集场景下人脸尺寸小和人脸遮挡的问题，提出基于反馈的全局上下文融合模块，将高层的上下文信息反馈到低层来辅助检测，提升小人脸的辨别能力。此外，还设计一个改进的视觉注意力模块来解决人脸遮挡问题，突出人脸可见部分的有用信息，抑制无用信息，降低人脸的误识别率。

（3）基于知识蒸馏的模型轻量化设计。针对目前人脸检测模型参数量和计算量较大无法落地应用的问题，提出采用知识蒸馏的方法来获得一个高精度的轻量级人脸检测模型。此外，还提出应用于人脸检测模型改进的知识蒸馏方法。针对检测任务中分类和回归两个子任务所需特征不同的问题，提出在蒸馏过程中进行特征解耦，对分类和回归分别选择不同的特征进行蒸馏。同时引入了教师助理来进一步提升蒸馏的效果。

3.2 双边滤波MSRCR图像增强

由于人类视觉感知系统在接受色彩时会有意识地透过阴影，从而恢复其本来的色彩，因此，对于相同的场景，人们直接观察到的彩色图像与计算机记录的彩色图像往往存在较大差异。要使彩色图像接近于现场观察的效果，必须结合动态范围压缩和色彩一致性的计算，以模拟人类视觉的颜色恒常性，并再现色彩及亮度色调。因此，采用了MSRCR方法来恢复低光照条件下的人脸图像。鉴于人脸图像的特殊性，我们对MSRCR算法进行了改进，采用双边滤波器替代传统Retinex算法中的高斯滤波器，能够减少人脸边界的模糊，保持人脸图像边界特征的完整性。

3.2.1　基于强度映射的图像增强

虽然基于RGB图像的人脸检测取得了一定进展，但仍面临诸多挑战，尤其在低光照条件下。由于低光照导致亮度降低、对比度压缩，使得特征提取效果减弱，进而影响人脸检测的准确性。此外，低光照条件下可能会引入噪声，进一步破坏人脸检测的结构信息。多年来，低光照人脸检测始终是研究的重点。在手工特征提取阶段，研究者已致力于解决光照不均的问题，近年来低光照图像增强也逐渐成为提升图像质量的热门方向。

早期的低光照图像增强方案主要依赖于局部统计或强度映射方法，如直方图均衡化和Gamma校正等，以改善图像亮度和对比度。随着深度学习的发展，基于深度学习的人脸检测方法在低分辨率、低光照等低质量图像中的应用日益广泛。光照变化已成为现代人脸检测算法的核心挑战之一，低光照这一常见的视觉畸变可能由不良的拍摄条件、相机操作失误或设备故障等原因导致。

一些方法借助对数变换和Gamma校正等图像预处理手段进行强度映射，以应对光照变化。在手工特征提取和深度学习方法中，光度归一化也被广泛应用，旨在抵消光照条件的变化。手工特征提取方法基于先验信息（如图像差异或梯度）实现光照不变性，而深度学习方法则通过随机光度畸变训练模型，以增强其对光照变化的鲁棒性，并隐式提高对不同光照条件的适应性。

3.2.2　单尺度Retinex图像增强算法

近年来，基于深度学习的图像增强方法进一步提升了效果，其中一些方案常常基于Retinex理论。Retinex是一种简单有效的图像增强算法，由Edwin H. Land[124]提出，已在图像处理领域广泛应用。Retinex理论通过模拟人类视觉系统的颜色恒常性来恢复图像的真实色彩，使得在低光照或复杂光照条件下的图像增强成为可能。它被认为是处理低光照和提高图像对比度的有效手段，在许多现代图像增强方法中依然具有重要地位。

单尺度Retinex（Single Scale Retinex，SSR）算法的基本原理是将给定的图像$S(x, y)$分解为两个不同的图像成分：反射图像$R(x, y)$和入射图像$L(x, y)$。如图3-1所示，L代表亮度分量，R代表反射分量，S为观察到的图像，(x, y)为图像的像素坐标。最后形成的图像如式3-1和式3-2所示。

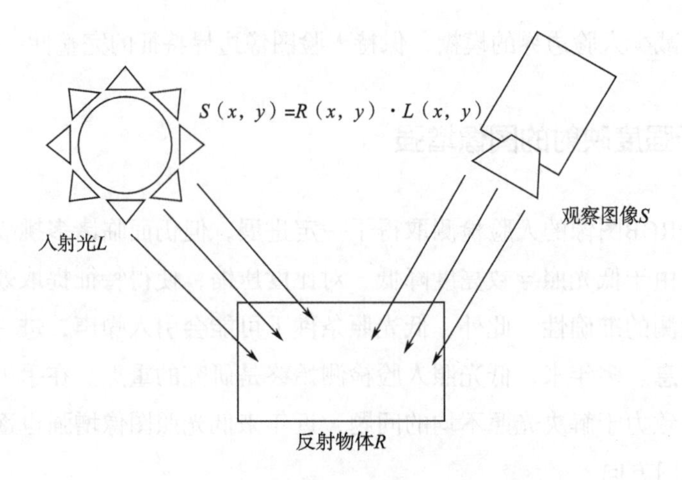

图3-1　单尺度Retinex算法原理示意图

$$r(x,y)=\log R(x,y)=\log\frac{S(x,y)}{L(x,y)} \tag{3-1}$$

$$r(x,y)=\log S(x,y)-\log\left[F(x,y)\otimes S(x,y)\right] \tag{3-2}$$

式3-1中，$R(x,y)$代表物体的反射性质，即图像内在属性，应该尽量保留。Retinex算法的本质就是去除$L(x,y)$获得$R(x,y)$，从而实现图像增强。$r(x,y)$为输出图像，$\otimes$代表卷积运算。$F(x,y)$是中心环绕函数，具体如式3-3所示。

$$F(x,y)=\lambda e^{\frac{-(x^2+y^2)}{c^2}} \tag{3-3}$$

式3-3中，c代表高斯环绕尺度，λ代表尺度。

SSR算法的实现流程主要分为以下几步：首先，读取原图$S(x,y)$，将图像的像素值从整数型转化为浮点型，然后转化到对数域；接着，将积分运算转化为求和运算，并计算出参数λ的值；随后，计算$r(x,y)$，若原图为灰度图，则只有一个$r(x,y)$；若原图为彩色图，则每个通道都有一个对应的$r(x,y)$；然后，将$r(x,y)$从对数域转换到实数域，得到输出图像$R(x,y)$；最后，进行线性拉伸并转换为相应的格式输出显示。

几十年以来，Retinex技术不断发展，逐渐接近人类视觉系统。针对现有图像增强算法存在的问题，Daniel等[125]提出了一种带有色彩恢复的多尺度图像增强算法——MSRCR。在MSRCR方法中，使用高斯滤波函数计算输入图像的光照强度，并对处理后的图像进行颜色恢复，最终实现图像增强。该方法在动态范围压缩、颜色恢复和保留大部分细节方面表现出了良好的性能。传统的Retinex算法使用高斯滤波来获得入射图像，但这种方法在处理人脸图像时存在边界模糊问题。在本文中，我们采用双边滤波代替高斯滤波，使得得到的人脸图像边缘更加清晰，从而更有利于人脸的准确定位。

3.2.3 基于双边滤波MSRCR的低光照人脸检测

为应对低光照条件下人脸检测的挑战，本文提出了一种基于双边滤波与改进多尺度Retinex颜色恢复（MSRCR）技术的低光照人脸检测算法，在保持图像颜色真实的前提下显著提升图像质量，从而有效提高了低光照条件下的人脸检测性能。此外，为解决小型、模糊及部分遮挡人脸的检测难题，通过融合特征金字塔和改进的上下文模型，在DARKFACE数据集上实现了显著的检测效果提升。

3.2.3.1 主干网络

本部分选用RetinaFace[126]作为主干网络。RetinaFace是InsightFace团队在2019年基于RetinaNet目标检测网络改进而来的单阶段人脸检测网络，发布时实现了当时最优的检测效果，近年来被广泛应用于人脸检测。其核心思想包括以下几点：首先，优化单阶段检测器结构，以保证检测速度；其次，加入上下文模块和可变卷积，提升检测精度；再次，增加人脸关键点检测分支；然后，采用多任务联合损失以增强鲁棒性；最后，引入自监督方法，提高网络的泛化能力。

在RetinaFace的训练过程中，主干特征提取网络选用了两种架构：ResNet[127]和MobileNet[128]。ResNet具有较高的检测精度，而MobileNet则能在CPU上实现实时检测。RetinaFace继承了RetinaNet[129]中的特征金字塔结构，以实现多尺度特征融合，从而提升小目标的检测效果。如图3-2所示，RetinaFace基于ResNet的五个特征层构建特征金字塔，首先通过“1×1”卷积调整特征层的通道数，随后利用上采样（Upsample）和相加（Add）操作进行特征融合。具体而言，P2到P5通过自上而下的方式结合横向连接，分别从ResNet的残差阶段（C2到C5）输出中获得；P6则由C5的输出通过步长为2的“3×3”卷积生成。ResNet的C1到C5特征层是基于在ImageNet-11数据集上预训练的ResNet-152分类网络，而P6特征层则通过“Xavier”方法随机初始化生成。

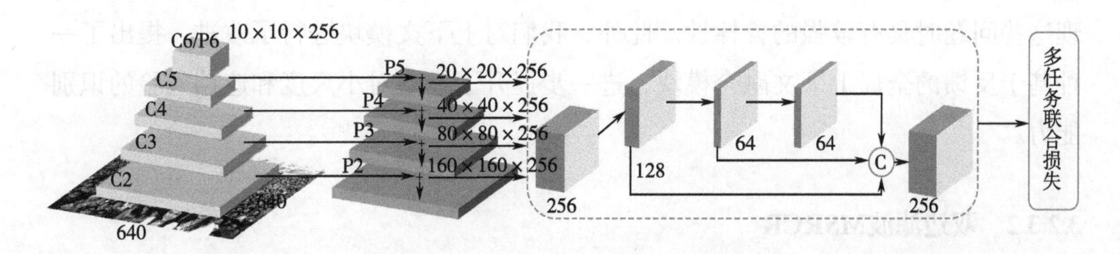

图3-2　RetinaFace结构图

通过特征金字塔生成了五个有效特征层后，为进一步增强特征提取能力，

RetinaFace参考SSH[130]引入了五个独立的上下文模块以扩大感受野。图3-3展示了上下文模块的内部结构：该模块通过串联多个“3×3”卷积来替代原本的“5×5”和“7×7”卷积，在增大感受野的同时有效减少了网络参数量。具体而言，左侧为一个“3×3”卷积，中间部分用两个“3×3”卷积替代“5×5”卷积，而右侧则用三个“3×3”卷积代替“7×7”卷积。此外，RetinaFace在上下文模块中引入了可变形卷积网络（DCN）以替换标准的“3×3”卷积，从而进一步提升上下文模块的建模能力。

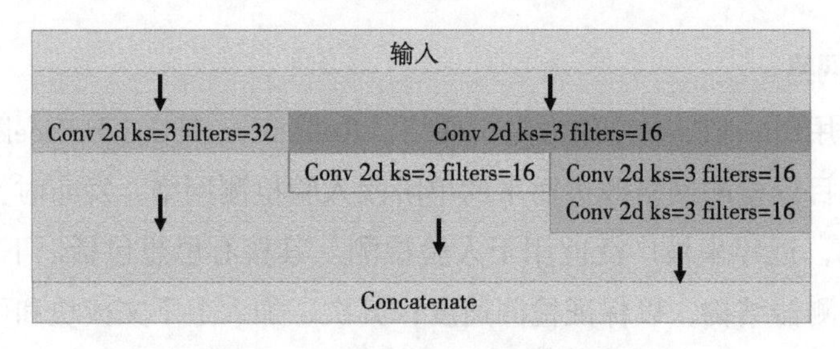

图3-3　上下文模块内部结构图

RetinaFace采用了多任务联合损失函数，其定义如式3-4所示。$L_{cls}(p_i, p_i^*)$是人脸分类损失，p_i为锚点框中包含预测目标的概率，$p_i^*=1$表示正锚点框，$p_i^*=0$表示负锚点框。$L_{box}(t_i, t_i^*)$是人脸检测框回归损失函数，其中$t_i=\left\{t_x, t_y, t_w, t_h\right\}_i$和$t_i^*=\left\{t_x^*, t_y^*, t_w^*, t_h^*\right\}_i$分别表示与正锚点框相关的预测框和标注人脸框的坐标信息。$L_{pts}(l_i, l_i^*)$是人脸关键点回归损失函数，其中$l_i=\left\{l_{x1}, l_{y1}, \ldots l_{x5}, l_{y5}\right\}_i$和$l_i^*=\left\{l_{x1}^*, l_{y1}^*, \ldots l_{x5}^*, l_{y5}^*\right\}_i$分别表示正锚点框中预测的五个人脸关键点和标注的五个人脸关键点。L_{pixel}表示面部密集点回归损失函数。权重参数λ_1、λ_2和λ_3用于平衡各损失项，在RetinaFace算法中分别设置为0.25、0.1和0.01。

$$L = L_{cls}(p_i, p_i^*) + \lambda_1 p_i^* L_{box}(t_i, t_i^*) + \lambda_2 p_i^* L_{ptx}(l_i, l_i^*) + \lambda_3 p_i L_{pixel} \tag{3-4}$$

选择RetinaFace人脸检测框架的原因在于，DARK FACE[131]数据集中存在人脸尺度变化和人脸遮挡等问题，而RetinaFace中的特征金字塔模块和上下文模块在处理这些问题时具有较强的鲁棒性。此外，我们对上下文模块进行了改进，提出了一种基于反馈的全局上下文融合模块，进一步提升了模型对小尺度和遮挡人脸的识别能力。

3.2.3.2　双边滤波MSRCR

MSRCR是在SSR和MSR的基础上发展而来的，其原理基本类似。单通道进行大、中、小三个强度的高斯滤波并取对数，这近似于三种不同尺度下光照的变化，滤波强度越大，模糊效应越强，对应于光线背景变化越缓和。大、中、小三个滤波结果按权重相加，最后原始通道取对数值再减去上述结果，相当于单通道减去背景光照变化的影响，这一过程就是MSR。其优点是可以保持图像高保真度并对图像的动态范围进行压缩。MSR的计算如式3-5所示，式子中当$K=1$时，MSR即为SSR。实验证明，为了保证MSR同时具有SSR高、中、低三个尺度的优点，K的取值通常为3。

$$R(x,y)=\sum_{k}^{K}\omega_k\left\{\log S(x,y)-\log\left[F_k(x,y)*S(x,y)\right]\right\} \tag{3-5}$$

一般来说，应用Retinex处理彩色图像是分别对R、G、B三个通道进行Retinex处理再将得到的结果分别作为R、G、B通道。这种方式对于三个通道比较均衡的图像来说效果较好。但是有的图像某一通道分量比较小，这样的情况下效果就会不太理想。同时，三个通道分别处理，没有考虑R、G、B三个通道的内在关联，会产生色差问题。为了解决这些问题，后来又出现了带色彩恢复的多尺度Retinex算法即MSRCR，在多尺度Retinex算法过程中，通过引入一个色彩因子C来弥补由于图像局部区域对比度增强而导致的图像颜色失真的缺陷。MSRCR的表达式如式3-6所示。引入的色彩恢复因子C的表达式如公式所示。式3-7中，$I_i(x,y)$表示第i个通道的图像，C_i表示第i个通道的色彩恢复系数，用来调节原始图像中三个颜色通道之间的比例关系，从而把相对较暗的区域的信息凸显出来，以消除图像色彩失真的问题。f代表颜色空间的映射函数，具体表达式如式3-8所示，β是增益常数，α是受控制的非线性强度。处理后的图像局部对比度提高，亮度与真实场景相似，在人们视觉感知下，图像质量明显提高，图像也显得更加逼真。

$$R_{\mathrm{MSRCR}_i}(x,y)=C_i(x,y)R_{\mathrm{MSR}_i}(x,y) \tag{3-6}$$

$$C_i(x,y)=f\left[I_i'(x,y)\right]=f\left[\frac{I_i(x,y)}{\sum_{j=1}^{N}I_j(x,y)}\right] \tag{3-7}$$

$$f\left[I_i'(x,y)\right]=\beta\left\{\log\left[\alpha I_i'(x,y)\right]-\log\left[\sum_{j=1}^{N}I_j(x,y)\right]\right\} \tag{3-8}$$

在Retinex算法中，用高斯模糊来获得入射光图像$L(x,y)$，但是这样得到的人脸图像，边界存在模糊问题。于是，我们采用了双边滤波的方法来代替高斯滤波。双边滤波是同时考虑空间域信息和灰度相似性的一种非线性滤波方法。它的优点是对于边界的保存有很好的效果。它在高斯滤波的基础上，增加了一个基于空间域分布的高斯滤波函数，进而有效地解决了距离较远的边缘像素的问题，达到了保护边缘去除噪声的目的。其基本模型如式3-9所示，其中，$f(i,j)$为原始图像在(i,j)点处的噪声，$g(i,j)$是经滤波处理后的降噪图像，$\omega_s(i,j,k,1)$和$\omega_g(i,j,k,1)$是在坐标$(k,1)$空间权重和灰度相似度权重，表达式分别如式3-10和式3-11所示。其中，σ_s是空间标准差，σ_g是灰度标准差，集合区域$\Omega_{r,i,j}$则是以(i,j)为中心的边长为$(2r+1)$的正方形区域内像素点的集合。

$$g(i,j)=\frac{\sum_{(k,l)\in\Omega_{r,i,j}} f(k,l)\omega_s(i,j,k,l)\omega_g(i,j,k,l)}{\sum_{(k,l)\in\Omega_{r,i,j}} \omega_s(i,j,k,l)\omega_g(i,j,k,l)} \tag{3-9}$$

$$\omega_s(i,j,k,l)=\exp\left(-\frac{(i-k)^2+(j-l)^2}{2\sigma_s^2}\right) \tag{3-10}$$

$$\omega_g(i,j,k,l)=\exp\left(-\frac{\|f(i,j)-f(k,l)\|^2}{2\sigma_g^2}\right) \tag{3-11}$$

双边滤波在考虑空间邻近度的同时还考虑到像素值相似度，不仅可以去除噪声，还可以通过对图像强度进行变换来保护边缘信息，这使得增强后图像的细节更加清晰。

3.3 基于全局上下文融合与视觉注意力的密集人脸检测

在密集场景下进行人脸检测时，往往会面临人脸尺寸较小和严重遮挡的问题。对于尺寸较小的人脸，需要充分利用周围的上下文信息来辅助检测。而在遮挡严重且背景杂乱的情况下，容易导致误检。为此，引入注意力模块，以突出人脸可见部分的有用信息，抑制无用信息。针对上述挑战，设计了一种基于全局上下文融合和视觉注意机制的密集人脸检测网络，以提升检测效果。

3.3.1 网络整体结构

为提升模型的上下文推理能力，需要充分利用上下文信息。然而，基于特征金字塔的多尺度特征提取方法存在一个局限：高分辨率特征图通常仅包含有限的全局上下文信息。高分辨率图像包含更多细节纹理，适合检测小物体，而低分辨率图像则具有丰富的全局上下文特征。鉴于这些上下文信息对检测微小人脸极为重要，本文提取了低分辨率图像的全局上下文信息，并反馈至高分辨率图像，以助力小人脸检测。此外，为了应对人脸严重遮挡带来的误检问题，本文提出了一种改进的视觉注意力机制，能够突出关键的人脸特征并抑制背景信息，从而进一步提升网络的检测精度。

本文提出的密集人脸检测器主要由四个部分组成：主干特征提取网络、特征金字塔、全局上下文融合模块和注意力模块。如图3-4所示，检测器采用了P2到P6的五层特征金字塔模型，其中P2至P5是从相应的ResNet残差网络层（C2至C5）的输出计算而得，而C1至C5则是一个预训练的ResNet分类网络。全局上下文融合模块（Global Context Fusion Module，GCF）负责提取全局上下文特征，以便更好地检测微小人脸。该模块接收来自特征金字塔不同尺度的输入，并进行自顶向下的反馈融合。模块中 $S_n(n=1,2,3,4)$ 表示尺度。视觉注意力模块用于增强显著特征，从空间维度和通道维度分别推断出注意力特征映射。以下章节将详细介绍每个模块的具体实现与功能。

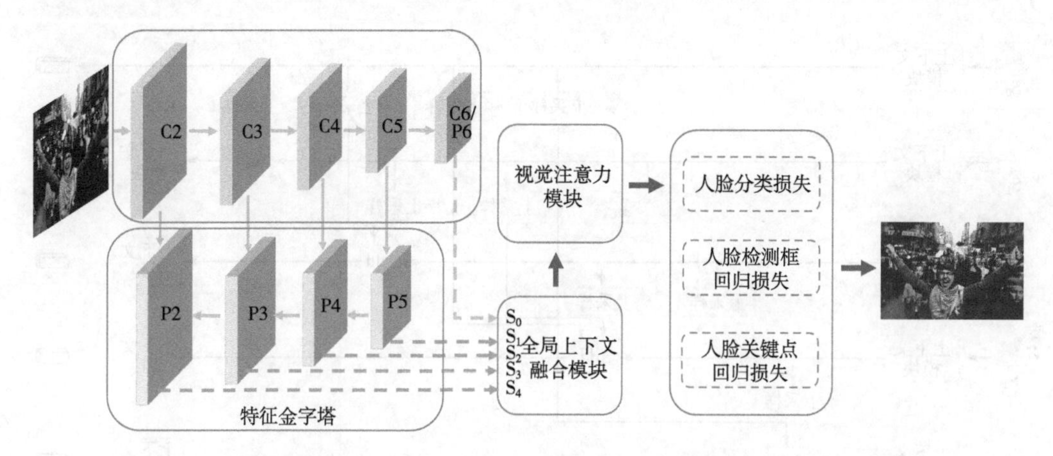

图3-4　基于全局上下文融合和视觉注意力的密集人脸检测算法整体框架

3.3.2　全局上下文融合模块

卷积神经网络的不同特征层通常表现出不同的语义信息和空间分辨率。浅层特征具有较高的空间分辨率，适合小物体的空间定位，但由于语义信息不足，不利于准确分类；相反，深层特征虽然包含丰富的语义信息，但空间分辨率较低。大多数模型采用的上下文结构忽略了低层特征和高层特征之间的联系。在密集人群场景下，由于背景的复杂性，低层特征往往会误将类似人脸的图案分类为人脸，尤其是在低尺度和低感受野下。同时，一些人脸尺寸过小，导致检测困难。因此，需要利用人脸周围的上下文信息辅助检测。低层特征虽然分辨率高，适合检测微小人脸，但缺乏必要的全局上下文信息。为了解决这一问题，本文从感受野较大的高层特征中提取全局上下文信息，并反馈至低层，以提升微小人脸的检测效果。

如图3-5所示，全局上下文融合模块（Global Context Fusion Module，GCF）从特征金字塔接收不同尺度的输出。每个尺度分支配备一个上下文模块，并与所有之前的低分辨率尺度分支相连接。每一层将自身尺度（$S_n, n=1,2,3,4$）的特征与更高尺度分支的多尺度输入进行融合，从而生成下一个尺度分支的上下文信息和特征。GCF通过这种多尺度上下文信息融合，将全局上下文信息传递至所有尺度分支，进而提升小人脸检测率并减少误检。图3-5展示了GCF模块的内部架构：每个尺度从特征金字塔的当前层提取特征，并接收来自其他尺度的反馈。各尺度将特征上采样至相同大小，通过当前尺度的上下文模块融合。S_0 接收最低分辨率特征输出，不需要其他层的反馈。而GCF模块中更高尺度（$S_{n>0}$）的特征则接收所有其他尺度的反馈，通过融合当前尺度特征和更高分支的多尺度输入，从而增强人脸检测性能。

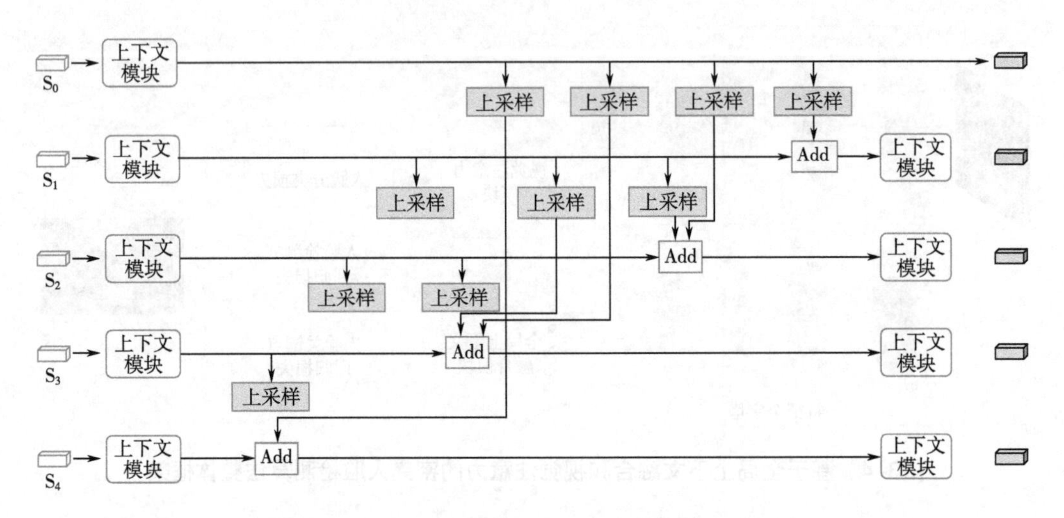

图3-5 全局上下文融合模块的内部结构图

上下文模块的内部结构如图3-6所示，受SSH的启发，每个尺度上都应用了一个独立的上下文模块。该模块包含三个并行分支，采用较大的卷积核5×5和7×7来扩大感受野，以获取更多的上下文信息。为了进一步减少参数量，这些较大的卷积核通过串联的3×3卷积核进行代替，从而达到同等的效果。这三层输出经过concat层和Leaky ReLU激活函数后，生成最终的上下文信息。该结构在有效扩大感受野的同时降低了参数量，从而提高了模型的计算效率和检测精度。

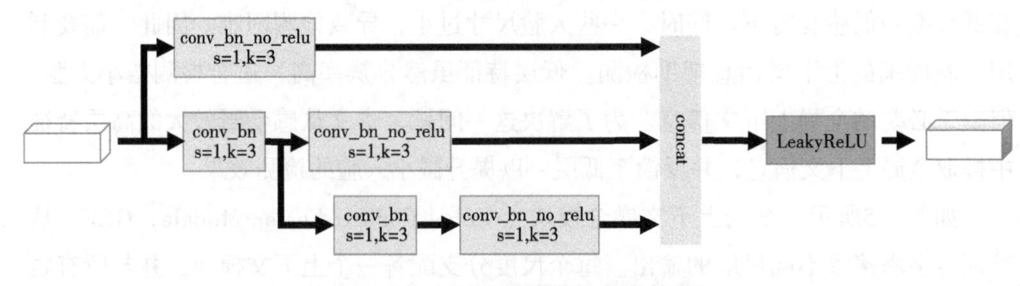

图3-6 上下文模块的内部结构图

自上而下的全局上下文反馈融合模块能够更准确地定位特征金字塔中的小人脸，有效缓解密集人脸检测中人脸尺寸较小及遮挡的问题，从而提升了模型在密集场景下的人脸检测性能。

3.3.3 视觉注意力模块

为克服无用信息的干扰，模型中引入了视觉注意力模块。对于遮挡严重的人脸，图像中许多信息可能对检测产生负面影响。为在确保召回率的同时不提高误检率，需要引导模型聚焦于这些可见区域的关键部分。为此，我们采用了图3-7所示的视觉注意模块。因为既要突出相关区域的特征，也需要获取该区域的位置信息，受 CBAM[125]启发，我们分别从空间和通道两个维度应用了视觉注意机制。

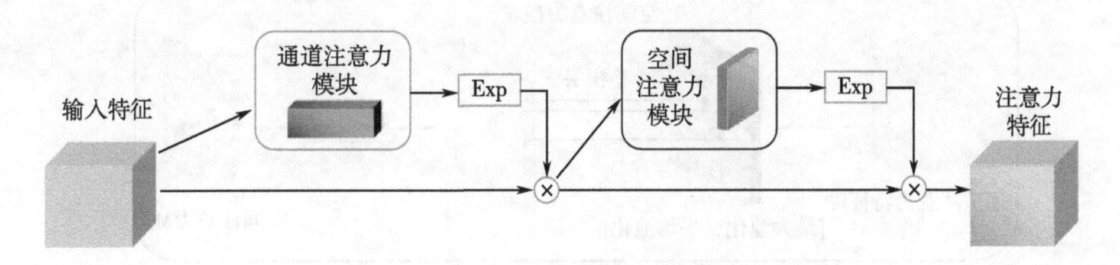

图3-7　视觉注意力模块的结构图

如图3-7所示，视觉注意力模块包含通道注意力模块和空间注意力模块。输入特征经过这两个模块后进行细化处理。本文对原有的注意力模型进行了改进：通常的注意力模型将注意力特征直接与原特征图进行点乘，而提出的视觉注意模块则先对特征进行指数运算，再与特征映射点乘。这样既能突出重要特征，又保留其周围的上下文信息，这对于人脸检测中的上下文理解尤为关键。改进后的注意力模块有效增强了检测信息的显著性，同时保留了更多的上下文信息。

图3-8 展示了注意力机制每个子模块的结构图。为了有效计算通道注意力，需要先压缩输入特征图的空间维度。平均池化用于聚合空间信息，从而了解目标对象的范围，而最大池化则包含了不同对象特征的重要信息来获得更精细的通道注意力，因此我们同时使用平均池化和最大池化。通道注意力模块首先通过平均池化和最大池化合成特征图的空间信息，生成两个不同的空间上下文中间特征图 F_{avg}^{c} 和 F_{max}^{c}，然后将这两个中间特征图输入到共享网络中，生成通道注意力特征图 $M_c \in R^{C\times1\times1}$。共享网络由多层感知机和一个隐层组成。最后，使用元素级求和来整合输出的特征。在空间注意力模块中，同样使用最大池化和平均池化来合成通道信息，得到两个特征图：$F_{avg}^{S} \in R^{1\times H\times W}$ 和 $F_{max}^{S} \in R^{1\times H\times W}$，然后这两个特征图经过一个卷积层后得到最终的注意力特征图。

改进的注意力模块能够进一步增强人脸区域的特征表达，并减轻负面信息的影响。它能够更准确地提取人脸的有效信息，从而提高模型对复杂场景的理解能力。该模型有效突出被遮挡人脸的可见部分，抑制杂乱背景信息，提升被遮挡人脸的检测率，降低背景信息的误识别率，进一步提升了人脸检测器的整体性能。

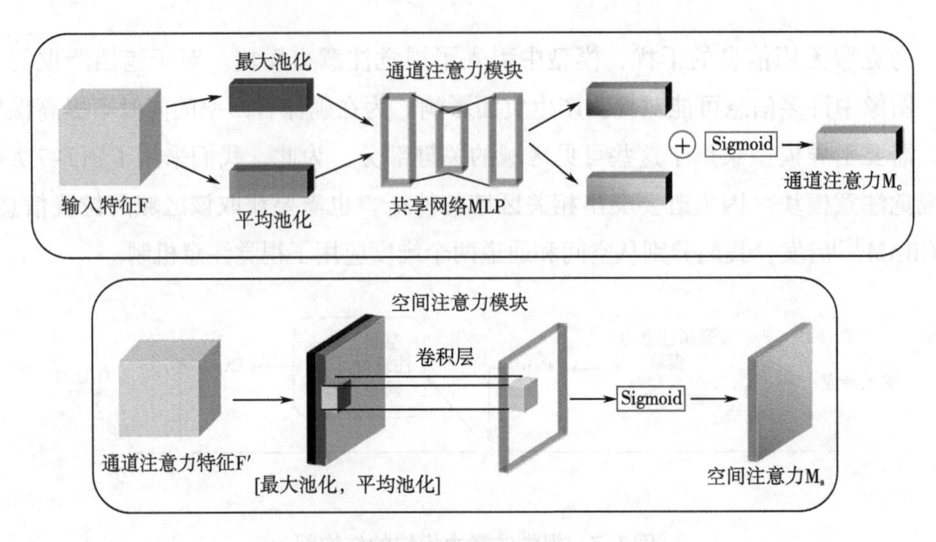

图3-8 视觉注意力每个子模块的结构图

3.3.4 多任务联合损失

为了提高效率，参考RetinaFace[126]的损失函数，仅保留了人脸分类损失、人脸检测框回归损失和人脸关键点回归损失，去掉了面部密集点回归损失，并对其进行了优化，最终的多任务联合损失函数如式3-12所示。

$$L = L_{\text{cls}}(p_i, p_i^*) + \lambda_1 p_i^* L_{\text{box}}(t_i, t_i^*) + \lambda_2 p_i^* L_{\text{pts}}(l_i, l_i^*) \tag{3-12}$$

式3-12中，λ_1和λ_2表示的是损失平衡权值参数，分别设置为0.4和0.1。

（1）$L_{\text{cls}}(p_i, p_i^*)$表示人脸分类损失，其中$p_i$代表锚点框中包含预测目标的概率，$p_i^*$等于1代表正锚点框，$p_i^*$等于0代表负锚点框。

（2）$L_{\text{box}}(t_i, t_i^*)$表示人脸检测框回归损失函数，其中$t_i = \{t_x, t_y, t_w, t_h\}_i$和$t_i^* = \{t_x^*, t_y^*, t_w^*, t_h^*\}_i$分别表示与正锚点框相关的预测框和标注人脸框的坐标信息。

（3）$L_{\text{pts}}(l_i, l_i^*)$表示人脸关键点回归损失函数，其中$l_i = \{l_{x1}, l_{y1}, \ldots l_{x5}, l_{y5}\}_i$和$l_i^* = \{l_{x1}^*, l_{y1}^*, \ldots l_{x5}^*, l_{y5}^*\}_i$分别表示正锚点框中预测的五个人脸关键点和标注的五个人脸关键点。

3.4 面向人脸检测的知识蒸馏轻量化方法

针对分类子任务和回归子任务所需特征不同的问题，本文提出将两个任务共享的特征进行解耦，分别选择不同的特征对分类和回归任务进行蒸馏。通过引入自适应卷积实现特征解耦，将混合特征转化为各自子任务的特征空间。知识蒸馏的另一个关键因素是教师模型的选择。理论上，提高教师网络的表现可以为学生网络提供更好的监督。然而，如果教师网络过于复杂，可能导致学生网络没有足够的学习能力，从而降低蒸馏效果。因此，本文引入教师助理（Teacher Assistant，TA）模型，以弥补二者之间的差距。所提模型在不增加任何额外计算的情况下，显著提升了人脸检测的性能。

3.4.1 网络整体结构

整体的知识蒸馏算法结构如图3-9所示，包括教师网络和学生网络两部分。轻量级人脸检测器通过模仿重量级人脸检测器的特征映射来提高性能。蒸馏主要包含两部分，一部分是学生网络模拟教师网络的中间特征层，另一部分是概率蒸馏。具体来说，在特征层模拟中我们提出了特征解耦的方法，以解耦分类子任务和回归子任务的特征映射。此外，我们还引入了一个教师助理来弥补学生网络与教师网络之间的差距，进一步提高学生网络的准确性。为了验证所提蒸馏方法的有效性，选择RetinaFace作为基准网络。RetinaFace是一个基于RetinaNet[129]的单阶段人脸检测器，具有两种主干网络：ResNet[87]和MobileNet[128]。我们使用ResNet作为教师网络，MobileNet作为学生网络。教师助理网络是从教师网络中提取而来，通过减少ResNet中的残差块来获取教师助理模型。在下面的部分中，我们将详细介绍模型的每个模块。

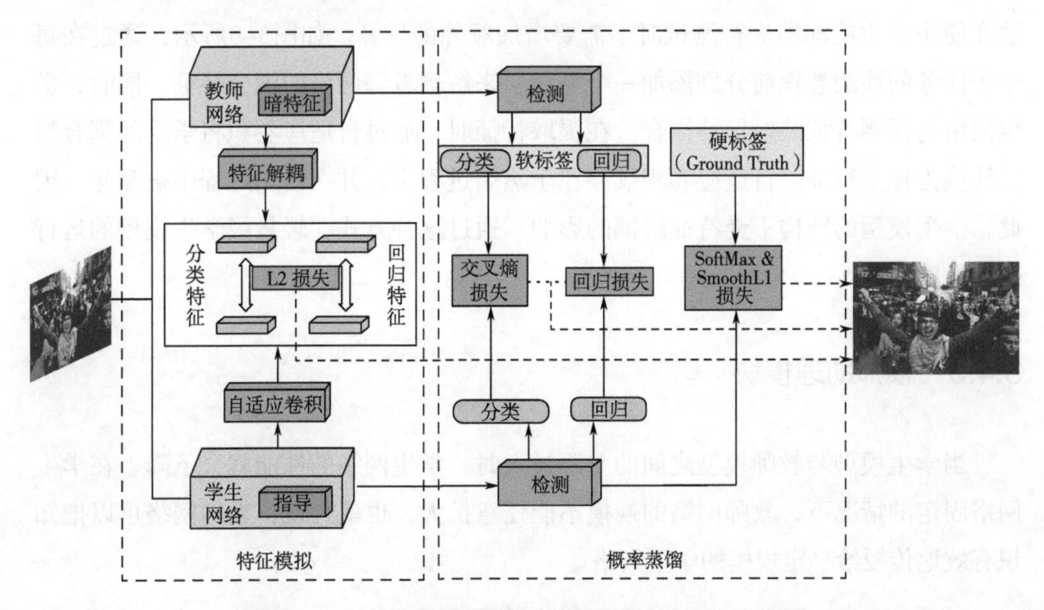

图3-9 基于特征解耦的知识蒸馏算法的总体结构图

3.4.2 特征解耦模块

定位和分类分别回答了目标检测中的“在哪里”和“是什么”两个问题。这两个子任务对特征的要求各不相同。分类要求特征具有平移和尺度不变性，即学习的特征不会因尺度、位置和角度的变化而改变。而定位是一项位置敏感的任务，学习的特征会随着目标的位置和尺度的变化而变化。Double-Head[132]发现全连接层对于空间特征较敏感，因此更适合用于分类任务；而卷积层空间相关性更强，更适合于定位任务。因此，在感兴趣区域（Region of Interest，ROI）池化层之后，作者没有使用共享的全连接层，而是直接分成两个分支：一个分支连接两层全连接层进行分类，另一个分支连接5个残差块进行定位。TSD[133]分析指出，分类和定位这两个任务在特征空间的敏感区域是不同的。分类对目标的显著区域比较敏感，而定位对目标边缘区域比较敏感，因此需要对这两个任务进行解耦。与Double-Head方法不同的是，该方法在ROI池化层之前将两个分支解耦，并且为每个分支设置了独立的ROI池化层。受到Grid R-CNN[134]的启发，D2Det[135]也将分类与定位两个任务解耦，分类部分采用全连接层，定位部分采用卷积层，并且在ROI池化层之实现了任务解耦。

由于单阶段人脸检测器通常使用多个分支来生成检测结果，并使用每个分支最后的特征图来生成最终的分类和回归结果。这两个子任务在几乎所有的检测器中都具有相同的特征图。因此，在蒸馏过程中，有必要将耦合的预测特征图解耦成独立的特征图，以便进行特征提取。为此，我们设计了一种新的特征解耦方法，该方法在使用学生检测器进行测试时不需要增加额外的计算。如图3-9所示，通过在每个子任务的预测卷积前分别添加一个卷积层来解耦教师网络的混合特征，同时，学生网络的预测特征映射保持耦合。在提取特征时，通过自适应卷积将学生的耦合特征转换为独立特征。自适应卷积仅存在于蒸馏过程中，并在使用过程中被删除。因此，学生模型的结构不受特征解耦的影响。通过这种方式，轻量级学生模型的运行效率得以保持。

3.4.3 教师助理模块

当学生模型与教师模型之间的差距过大时，学生网络的性能就会下降。在学生网络固定的情况下，教师网络的规模不能任意扩大，也就是说，教师网络可以把知识有效地传授给一定规模的学生网络。

知识蒸馏的核心思想是让学生网络不仅通过标注框（Ground Truth）提供的信息来训练，还通过观察教师网络如何表示和使用数据来进行学习。在经典的有监督学习中，学生网络的softmax输出与标注框之间的差距通常使用交叉熵损失函数进行惩罚。而在知识蒸馏中，学生网络通过KL散度损失来匹配学生网络和教师网络的软标签输出，从而增强其对教师网络知识的学习和理解。

$$L_{KD} = \tau^2 KL(y_s, y_t) \tag{3-13}$$

如式3-13所示，$y_s = \text{softmax}(a_s / \tau)$ 为学生网络的输出。τ为与温度相关的超参数。$y_t = \text{softmax}(a_t / \tau)$ 为教师网络的输出，控制教师网络输出的软化程度。然后通过式3-14所示的损失函数对学生网络进行训练，式中 λ 为控制两个损失之间平衡的第二个超参数。

$$L_{\text{student}} = (1-\lambda)L_{SL} + \lambda L_{KD} \tag{3-14}$$

随着教师网络规模的增加，其自身性能通常会提高，但由其训练的学生网络的性能往往呈现先上升后下降的趋势。这一现象的主要原因在于，教师网络性能的提升使其能够为学生网络提供更有效的监督，进而促进学生网络的学习。然而，当教师网络变得过于复杂时，学生网络可能缺乏足够的能力去有效模仿教师网络的行为，从而导致性能下降。此外，教师网络对数据的确定性增强，使得软目标（Soft Target）不再那么“软”，这进一步削弱了通过匹配软目标实现知识迁移的效果。因此，在设计教师网络时，需要权衡其复杂性与学生网络的学习能力，以达到最佳的知识蒸馏效果。

为了解决这一问题，我们引入了一个中等规模的教师助理，以填补教师网络与学生网络之间的空隙，通过阶段性的知识提炼在两者之间架起桥梁。教师助理的规模和性能介于教师网络和学生网络之间。首先，教师助理是从教师网络中提炼出来的，然后扮演教师的角色，通过蒸馏来训练学生网络。这一策略旨在减小教师网络与学生网络之间的差距，从而缓解由于教师网络过于复杂而导致学生网络缺乏模仿能力的问题。

图3-10为教师助理模型示意图，选择ResNet-50[127]作为教师网络，MobileNet-0.25[128]作为学生网络。教师助理模型的尺寸介于两者之间，通过减少ResNet的残差块（Residual Block）来获得。在训练过程中，首先将教师助理作为学生网络，用教师网络对其进行训练；随后，将训练好的教师助理作为教师网络来蒸馏真正的学生网络。最后，利用蒸馏得到的学生网络进行预测。

3.4.4　概率蒸馏

类似于图像分类中的概率蒸馏，我们使用教师网络输出的概率作为软标签来监督学生网络的概率输出。与硬标签相比，软标签通常包含更多的信息，因为硬标签

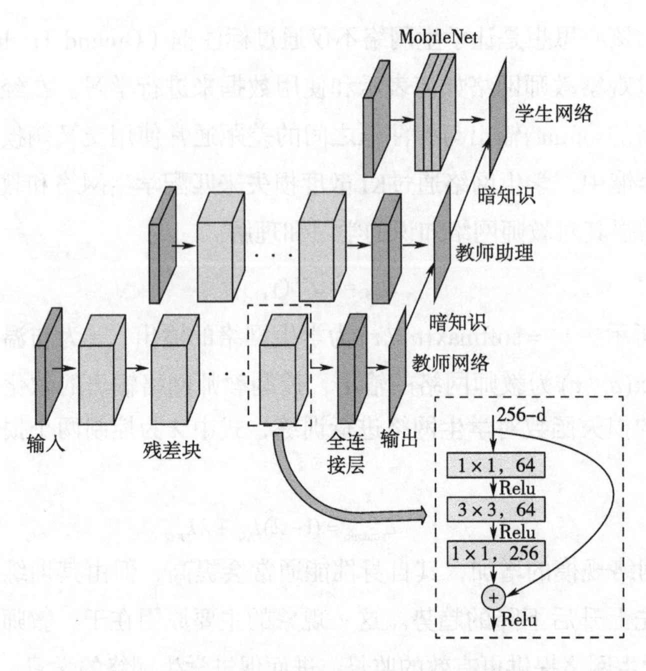

图3-10　教师助理模型示意图

仅能表示目标是什么，而软标签则可以表示目标与其他目标的相似性。为此，我们采用了改进的softmax，如式3-15所示。式中 T 为温度参数，随着 T 的增大，目标的软标签将变得更加柔和，从而增强知识蒸馏的效果。

$$q_i = \frac{\exp(z_i / T)}{\sum_j \exp(z_j / T)} \tag{3-15}$$

最终的概率蒸馏损失如式3-16所示，L^{soft} 是采用软目标的交叉熵损失函数，即教师网络的输出。L^{hard} 为硬目标的交叉熵损失函数，即标注框，α 是控制两个损失函数权重的参数，通常设置 α 为较大的值，使 L^{soft} 有更大的权重。

$$L = \alpha L^{soft} + (1-\alpha) L^{hard} \tag{3-16}$$

3.5　实验结果分析

3.5.1　RGB人脸检测数据集选择

3.5.1.1　低光照人脸检测数据集DARK FACE

DARK FACE[131]数据集是目前应用最广泛的低光照人脸检测数据集，其图像均在曝光不足的条件下由同一设备拍摄。该数据集包含6000张人工标注的图像用于训练和验证，另有9000张未标注的图像。此外，DARK FACE还提供了789对在可控真实光照条件下获得的低光/正常光图像对，可作为训练数据的一部分。训练集和验证集共包含43849个经过人工标注的人脸。表3-1总结了几种常见的低光照人脸检测数据集，显示出DARK FACE的数据量最大且标注较为完善。因此，本文选择DARK FACE数据集作为训练和测试的数据来源对低光照人脸检测进行验证。

表3-1　不同低光照人脸检测数据集的对比

数据集	训练集		测试集	
	图片数量	人脸数量	图片数量	人脸数量
ExDark[136]	400	—	209	
UFDD[137]	—	—	612	—
DARK FACE	6000	43849	4000	37711

3.5.1.2　密集人脸检测数据集WIDER FACE

WIDER FACE[138]数据集包含32203张图像和393703个人脸边界框，在表情、光照、尺度、遮挡和姿态方面都具有很强的变化性。它包括三个部分：训练集（Train）、测试集（Test）和验证集（Validation）。根据检测的难易程度，将验证集和测试集分为简单（Easy）、中等（Medium）、困难（Hard）三部分，可以更好地验证模型的泛化能力。由于遮挡、尺度和姿态的强烈可变性，WIDER FACE数据集是最具挑战性的人脸数据集之一。因此，为了验证所提全局上下文融合和视觉注意力人脸检测算法、知识蒸馏轻量化算法的有效性，在WIDER FACE数据集上进行实验和测试。

3.5.2　实验环境与参数

在本文中，分别使用MobileNet[139]和ResNet[127]作为主干特征提取网络进行实验。使用MobileNet作为主干网络时，模型可以在单个GPU上实现实时。使用随机梯度下降（Stochastic Gradient Descent，SGD）优化器（权重衰减设置为0.0005，动量为0.9，批次大小为8 × 4）来训练我们的模型。学习速率从10^{-3}开始，在5轮（Epoch）之后增加到10^{-3}，然后在第55轮和第68轮分别除以10。整个训练过程进行100轮后完成。

对于锚框（Anchor）的设置，使用与RetinaFace相同的策略。在特征金字塔的16 × 16到406 × 406区域上设置锚框。另外我们将长宽比设置为1 : 1，当IOU大于0.5

时，将锚框匹配为标注框（Ground Truth），当IOU小于0.3时，我们将锚框匹配为背景。

根据关于WIDER FACE的统计数据，大约有20%的小人脸和26%的遮挡人脸，密集场景下的训练样本数量可能不够。因此，采用随机裁剪和随机水平翻转等方法进行了数据增强。

目标检测中的评价指标主要包括精确率（Precision）、召回率（Recall）和平均正确率（Average precision，AP）。各指标的公式定义如下：

$$\text{Precision}=\frac{TP}{TP+FP}\times 100\% \tag{3-17}$$

$$\text{Recall}=\frac{TP}{TP+FN}\times 100\% \tag{3-18}$$

式3-17和式3-18中，TP代表正样本被预测为正样本的个数，FP代表负样本被预测为正样本的个数，FN代表正样本被预测为负样本的个数。

对于知识蒸馏，我们采用了RetinaFace的人脸检测框架，并分别使用ResNet-50和MobileNet-0.25作为教师网络和学生网络。为了验证该方法的有效性，我们从教师网络中提取不同规模的模型作为教师助理。首先，采用常规方法对教师网络进行训练。接着，利用经过训练的教师网络对教师助理进行蒸馏。最后，将蒸馏得到的教师助理用作教师网络，以指导学生网络的训练，并使用该学生网络进行预测。

在评估过程中，我们采用官方评估指标——平均精度（Average Precision，AP）。测试时，使用了原始图像分辨率的单尺度测试。此外，还提供了模型在分辨率为640×480时的帧率（FPS，Frames Per Second），以评估测试速度。

3.5.3 算法验证与比较

3.5.3.1 低光照人脸检测算法实验结果

将本文提出的改进的MSRCR图像增强算法与SSR以及MSR在DARK FACE数据集上的图像增强效果进行了对比。如图3-11所示，从上往下依次为DARK FACE数据集中的原图、SSR增强结果、MSR增强结果以及本文改进的MSRCR算法获得的增强图像。可以看出，SSR算法增强后的图像较为模糊，人脸细节不清晰。虽然MSR在SSR的基础上有所改进，但图像质量仍然较低，亮度和对比度均不理想。相比之下，改进后的MSRCR算法有效恢复了图像的色彩，显著提高了图像质量，使得人脸轮廓更加清晰，为后续的人脸检测奠定了良好的基础。

我们对人脸检测模型的训练主要分为三次。第一次实验中，加载预训练模型并在DARK FACE数据集的原始图像和标签上进行迁移学习，获得准确率为52.2%。第二次实验中，使用改进的MSRCR算法增强DARK FACE测试集的图像，显著提高了亮度和对比度，然后直接使用WIDER FACE预训练模型测试增强后的测试集，精度为31.4%。在第三次实验中，我们利用改进的MSRCR图像增强算法处理DARK FACE的训练集，并在处理后的数据集上进行迁移学习，使用在WIDER FACE数据集上预训练的RetinaFace模型，最终在DARK FACE测试集上取得了75.6%的结果。

原图

SSR

MSR

改进的MSRCR

图3–11　不同图像增强算法结果对比图

此外，我们还对其他图像增强方法在人脸检测上的效果进行了定量实验对比，结果如表3–2所示。RetinexNet、EnlightenGAN、MSRCR及本文方法的mAP值分别为

69.8、72.7、73.4和75.6。本文改进的MSRCR算法相比原版本提高了2.2%，进一步验证了所提方法的有效性。

表3-2 不同方法在DARK FACE数据集上的测试结果

方法	mAP/%
RetinexNet[140]	69.8
EnlightenGAN[141]	72.7
MSRCR[125]	73.4
Ours	75.6

3.5.3.2 密集人脸检测实验结果

将所提出的密集人脸检测模型与MTCNN[142]、HR[143]、SSH[130]、RetinaFace[126] 以及S3FD[144]等最先进的人脸检测器进行比较，结果如表 3-3所示。

表3-3 不同网络模型在WIDER FACE数据集上的实验结果

方法	AP（Easy）/%	AP（Medium）/%	AP（Hard）/%
MTCNN	85.1	82.0	60.7
RetinaFace（MobileNet-0.25）	90.7	88.2	73.8
Ours（MobileNet-0.25）	92.2	89.9	76.7
HR	92.3	91.0	81.9
SSH	92.7	91.5	84.4
S3FD	93.5	92.1	85.8
RetinaFace（ResNet-50）	95.5	94.0	84.4
Ours（ResNet-50）	**96.2**	**95.1**	**86.7**

加粗代表我们的算法结果，我们的算法在所有的子集中都取得了最好的结果。当以ResNet-50作为主干网络时，我们的平均准确率为96.2%（Easy）、95.1%（Medium）和86.7%（Hard），当以MobileNet-0.25作为主干网络时我们的平均准确率为92.2%（Easy）、89.9%（Medium）和76.7%（Hard）。更具体地说，与之前的最新结果相比，我们的方法在困难（Hard）样本中提高了2.3%，困难样本中包含许多被遮挡的和尺寸极小的人脸，验证了本文算法的有效性。

本文模型在WIDER FACE数据集上的PR曲线如图3-12所示。其中，横坐标为召回率（Recall），纵坐标为准确率（Precision）。曲线下的面积为平均准确率（Average Precision，AP），曲线越靠近右上方，模型性能越好。由此也可以看出本文所提模型性能的优异，尤其是在简单（Easy）子集上。进一步验证了该算法的有效性。

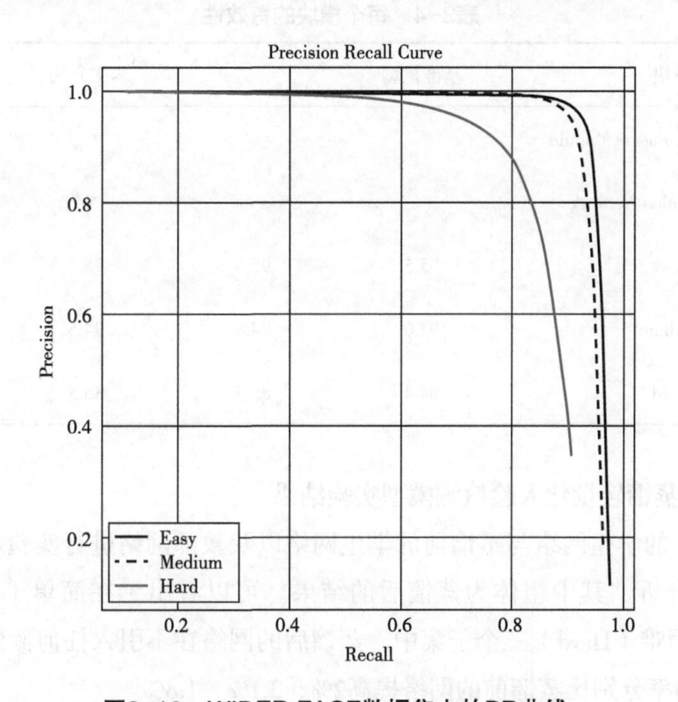

图3-12　WIDER FACE数据集上的PR曲线

本文的方法和RetinaFace在WIDER FACE上的可视化结果对比如彩图3-1（见文后）所示。上面一排是RetinaFace的检测结果，下面一排是本文模型的检测结果。图中黄色圆圈代表RetinaFace没有检测到，而本文方法检测到的人脸，绿色圆圈代表RetinaFace误检，而本文方法没有误检的背景。从图中可以看出，对于密集场景中极其微小的人脸和严重遮挡的人脸，本文的算法优于RetinaFace。此外，RetinaFace很容易将类似人脸的部分识别为人脸，而本文方法显著减少了错误检测。与此同时，本文方法对于重叠人脸的定位也更具有鲁棒性。

为了进一步验证所提算法的有效性，我们又另外进行了消融实验来分别检验全局上下文融合模块和视觉注意模块对人脸检测性能的影响。如表3-4所示，当加入全局上下文融合模块时，模型在简单（Easy）、中等（Medium）和困难（Hard）子集中，准确率相比于基准网络分别提高了0.4%、0.8%、1.5%。实验结果表明，全局上下文融合模块对小尺度、模糊、遮挡和重叠人脸具有较好的检测效果。这对于提高人脸检测的准确性至关重要。在视觉注意机制作用下，简单（Easy）、中等

（Medium）、困难（Hard）三个子集中的准确率分别提高了0.2%、0.5%、1.1%。当全局上下文模块和视觉注意力模块共同作用时，模型的准确率在三个子集上分别提高了0.7%、1.1%、2.3%。

表3-4 每个模块的有效性

模块	基准模型	本文方法		
Global Context Fusion Module		√		√
Visual Attention Network			√	√
Easy	95.5	95.9	95.7	96.2
Medium	94.0	94.8	94.5	95.1
Hard	84.4	85.9	85.5	86.7

3.5.3.3 知识蒸馏轻量化人脸检测模型实验结果

将蒸馏后的学生网络与蒸馏前的学生网络以及教师网络进行实验对比，表 3-5为定量结果分析，其中粗体为蒸馏后的结果。可以看出，在简单（Easy）、中等（Medium）、困难（Hard）三个子集中，蒸馏后的网络在不引入任何额外计算的情况下，平均正确率分别比蒸馏前的网络提高2%、2.1%、1.8%。

表3-5 蒸馏前后的实验结果对比

方法	AP（Easy）/%	AP（Medium）/%	AP（Hard）/%
教师网络	95.5	94.0	84.4
蒸馏前学生网络	90.7	88.2	79.6
蒸馏后学生网络	92.7	90.3	79.6

在表3-6中，我们比较了蒸馏后的网络与其他轻量级人脸检测器在精度和速度上的实验结果，其中粗体表示最佳结果。可以看出，与其他网络相比，我们的模型在精度和速度上均有显著提升。尽管在速度上略逊于轻量级网络EagleEye[145]，但在精度上却领先了许多，特别是在困难（Hard）子集中，高出35.2%。这表明我们算法的性能表现优异。

表3-6　与其他轻量级人脸检测器在精度和速度上的对比

方法	AP（Easy）/%	AP（Medium）/%	AP（Hard）/%	FPS
MobileNet-SSD[15]	74.4	65.5	34.7	10
Faceboxes[146]	82.6	75.5	38.8	3.4
EagleEye[145]	84.1	79.1	46.2	20
MTCNN[142]	85.1	82.0	60.7	5.4
Ours	92.7	90.3	81.4	14.3

在表3-7中，我们将本文的方法与其他先进的人脸检测器进行了比较，不仅比较了精度，还分析了相应的参数量和计算量。表中加粗字体表示最佳结果。可以看出，SRN[147]在WIDER FACE数据集上取得了良好的精度，但其代价是巨大的参数量和计算量，这使得该模型难以应用于实际场景。相比之下，本文的模型在精度相当的情况下，参数量和计算量仅为SRN的约五十分之一。另一方面，Libfacedetection[148]是一个非常轻量级的网络，仅有85k的参数量，但其精度却不尽如人意。尽管我们的模型在参数量和计算量上略大，但在精度上比Libfacedetection高出约10%。由此可见，本文所提方法在轻量化与高精度之间达到了良好的平衡。

表3-7　与其他先进的人脸检测器在参数量和计算量上的对比

方法	AP（Easy）/%	AP（Medium）/%	AP（Hard）/%	参数量	计算量
EXTD（mobilenet）[149]	85.1	82.3	67.2	0.68MB	10.62B
ASFD-D0[144]	90.1	87.5	74.4	0.62MB	0.73B
SRN（Res-50）[147]	93.0	87.3	71.3	80.18MB	189.69B
Libfacedetection[148]	83.4	82.4	70.8	85KB	—
Ours	92.7	90.3	81.4	1.63MB	2.85B

3.6　本章小结

本章主要介绍了所提基于全局上下文融合和视觉注意力的RBG图像密集人脸检测算法。在现有的MSRCR图像增强算法上进行改进，用双边滤波代替高斯滤波，提出一种基于Retinex图像增强的低光照人脸检测算法，提高了人脸检测器在低光照条件下的性能；构建基于反馈的全局上下文模块，将高层的全局上下文信息反馈到低层，提高了模型对小人脸的辨别能力；同时设计注意力模块，突出有用的信息，有效地解决密集场景中人脸尺寸小和人脸遮挡的问题；通过特征解耦和引入教师助理模型，提出了一种基于知识蒸馏的轻量化人脸检测算法，显著降低参数量并提升速度和精度。本章在DARK FACE和WIDER FACE数据集上对比所提算法与前人工作，验证了所提算法的先进性。

需要指出的是，尽管本文针对RGB图像进行的算法设计有效提高了RGB人脸检测的有效性，但由于RGB图像的光照变化敏感性、缺乏深度信息以及在复杂背景中易受到干扰的固有特性，检测精度和检测效率仍有待提高。

第4章 基于非对称自适应特征融合的RGB-D人员检测算法

4.1 算法总体架构

针对传统基于RGB图像的人员检测方法易受光照变化和遮挡等因素的影响，本章引入深度信息，提出一种基于非对称自适应特征融合的RGB-D人员检测算法，下文简称为AAFTS-net。该方法旨在融合RGB图像和深度图像的特征，实现在频繁遮挡、低照度以及杂乱背景条件下精准、稳健地检测室内人员。彩图4-1（见文后）描述了AAFTS-net算法的总体架构，算法架构主要由如下四部分组成：

（1）非对称RGB-D双流网络设计。如彩图4-1蓝色部分所示，双流网络结构包含RGB网络流和Depth网络流这两个并行分支，其中RGB网络流采用 YOLOv3中Darknet-53[17]，由53个卷积层组成，用于提取RGB图像特征；Depth网络流是依据深度图特性对DarkNet-53进行模型修剪，保留其中的30个卷积层，称之为MiniDepth-30，用于提取深度编码后的深度图像特征。

（2）深度特征金字塔结构设计。如彩图4-1黄色部分所示，对MiniDepth-30网络引入特征金字塔结构，称为Depth-FPN。其通过上采样将来自深度图像的深层语义特征和浅层细节特征有效融合，强化并提取多尺度深度特征，实现在低、中、高三个不同分辨率的预测分支上与YOLOv3特征层级的一一对应。

（3）自适应通道加权模块设计。如彩图4-1橙色部分所示，本章设计一种适用于RGB-D多模态数据融合的自适应通道加权模块，称为ACW。其为每个RGB-D多模态通道赋予权重，权值可以通过网络自适应学习获得，实现在三个预测分支下多模态特征的高效融合和特征选择。

（4）多分支预测网络设计。如彩图4-1绿色部分所示，将低、中、高三个分辨率的RGB-D多模态特征图分别输入到对应预测分支中，生成类别置信分数和预测边框的坐标，并通过NMS算法对预测边框进行筛选，从而获得最终人员检测结果。

4.2 非对称RGB-D双流网络设计

现有RGB-D双流网络通常采用对称型结构，其RGB网络流和Depth网络流具有完全相同的主干网络结构，导致网络难以同时兼顾RGB和深度图像的共性和差异。具体来讲，RGB图像和深度图像中所包含的有助于检测的信息量是不均衡的，二者在图像特性方面存在较大差异，RGB图像包含更丰富的低阶细节信息（如颜色、表面纹理等）以及具有辨识力的高阶局部特征（如人面部五官、身体部位等），而深度图像更突出目标的边缘、轮廓以及形状等中阶特征。

由于对称型RGB-D双流网络的两个网络分支的层数完全相同，当其层数过深时，模型的复杂度和训练难度增大，多模态网络易产生过拟合[150]，可能丢失深度图像的局部中阶特征，难以保留和提取有效的Depth特征；而当层数过浅时，难以提取RGB图像中具有辨识力的高阶特征，同时易导致Depth特征的表示能力不足。因此针对RGB分支和Depth分支选取最佳网络深度，对于提升特征提取的质量是至关重要的。

为获取最佳网络深度，本章采用卷积特征可视化工具[151]对Darknet-53指定卷积层的输出特征图进行可视化分析。Darknet-53骨架网络共包含74个卷积层，本章选取网络的第5、22、30，37、53、74层作为输出节点，观察卷积网络的浅层、中间层和深层上的学到的目标特征。在提取对应的输出特征图后，计算反向梯度并将其上采样至与原始输入图像相同尺寸。图4-1展示了两张深度图像样例的卷积特征可视化结果。

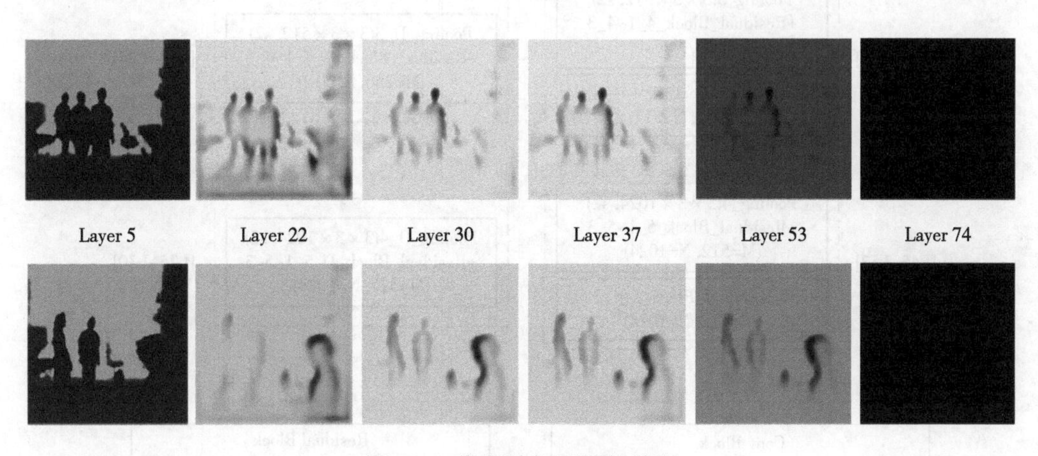

图4-1　卷积特征可视化结果

观察图4-1中网络各层的特征可视化结果可以发现，Darknet-53在中等深度（例如30、37层）附近，可以捕获到更显著的边缘轮廓特征，同时能够有效抑制背景和非目标像素的影响；当网络深度位于浅层（如5、22）时，由于提取能力不足，捕获的特征杂乱，包含较多背景冗余；而当网络深度达到53以上时，反向梯度值变得十分微小，导致网络参数难以更新。深度特征的局部丢失使得目标的边界轮廓变得模糊，这将导致无法区分前景和背景。因此对于Depth分支，其在网络30、37层的中等深度范围内可以获得最佳深度特征表示。

依据上述卷积可视化分析，本章提出了一种非对称RGB-D双流网络模型，模型架构如图4-2所示。RGB网络流和Depth网络流具有不同的网络深度，因此其具有非

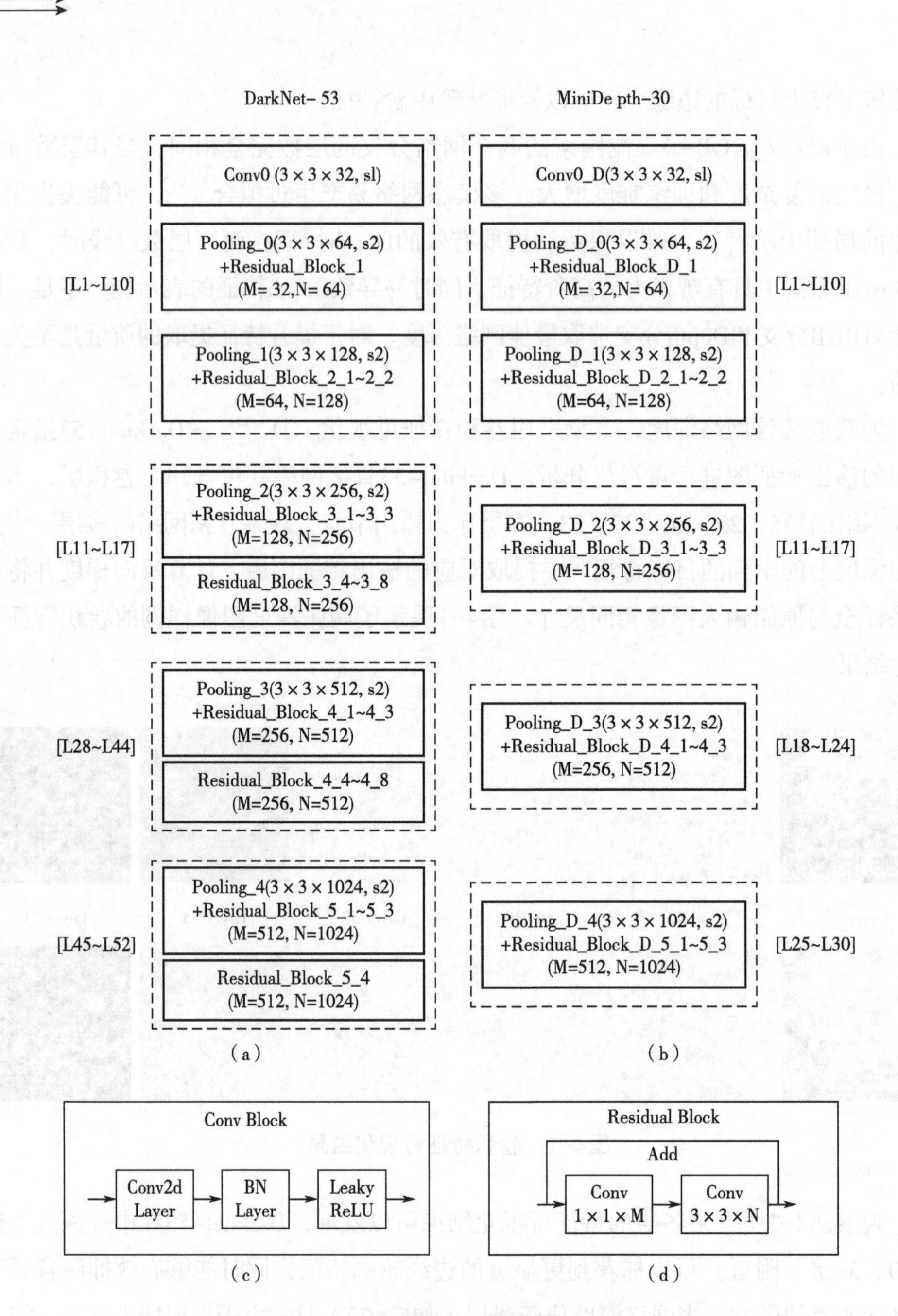

图4-2 非对称双流网络模型结构

对称性。其中RGB网络流采用Darknet-53[13]，共包含52个卷积块（Conv Block），其结构如图4-2（a）所示。Depth网络流是依据卷积可视化结果，在Darknet-53的基础上进行模型剪枝并保留了其中的30个卷积块，下文简称为MiniDepth-30，其结构如图4-2（b）所示。

为了更清晰地描述网络结构，本章将两个网络分支均划分为四个部分。如图

4-2中虚线框所示，每个部分由一系列连续的残差块（Residual Block）和池化卷积层（Pooling）组成。图4-2（c）和图4-2（d）分别展示了Conv Block和Residual Block的一般结构。对于RGB网络流，四部分残差块的数量分别为3、8、8、4，而对于Depth网络流，本章将后三个部分中残差块的数量均减少至三个，并保持输出多尺度特征图的尺寸与RGB网络流的一致性。压缩后的Depth网络流共计30个卷积块，在减少模型的复杂度并降低训练过拟合风险的同时，充分考虑了RGB和深度图像的差异与共性，提高特征的提取质量和利用效率。

4.3 深度特征金字塔结构设计

在室内人员检测过程中，由于人员与相机的距离不同，其反映在图像上的尺寸也存在差异。通常情况下，距离相机越近的目标，在图像上具有更大的尺寸，反之则更小。因此检测算法要保持高精准率的同时兼顾高查全率，就需要适应场景中具有不同尺寸比例的人员目标。

在卷积神经网络中，输出特征图的尺寸与其能观测到的物体尺寸密切相关。低分辨率特征图上的每个像素点具有较大的感受野范围，能够探测到图像上的大尺寸物体；而高分辨率特征图能够保留更多目标细节信息，对于检测小尺寸目标大有益处。因此对不同分辨率特征图在多个尺度上进行融合，能在很大程度上提升模型对于大、中、小目标的检测稳健性。

为提高检测算法对不同尺寸目标的适应性，本章在所提MiniDepth-30网络的基础上设计了一种深度特征金字塔（Depth-FPN）结构，通过逐级上采样融合低分辨率特征图的高阶语义特征和高分辨率特征图的低阶细节特征，并使其在特征维度上与Darknet-53保持一致。Depth-FPN结构如图4-3所示。具体步骤如下：

①首先输入由MiniDepth-30网络所提取的深度图像的13×13的低分辨率特征图；②通过1个1×1卷积层将输出通道数缩小2倍，并消除可能存在的混叠效应；紧接着是通过上采样层将特征图尺寸拓展4倍，并与26×26的中分辨率特征图进行通道合并；③对于尺寸为26×26的输入特征图，执行与上述相同操作，可以获得52×52的高分辨率特征图。Depth-FPN输出的低、中、高三种尺度的特征图与Darknet-53输出一一对应。通过引入深度特征金字塔结构，克服了高分辨率Depth特征的表示能力不足和低分辨率Depth特征缺乏细节信息的问题，特征的多尺度融合提高了算法对不同尺寸目标的检测精准率和召回率。

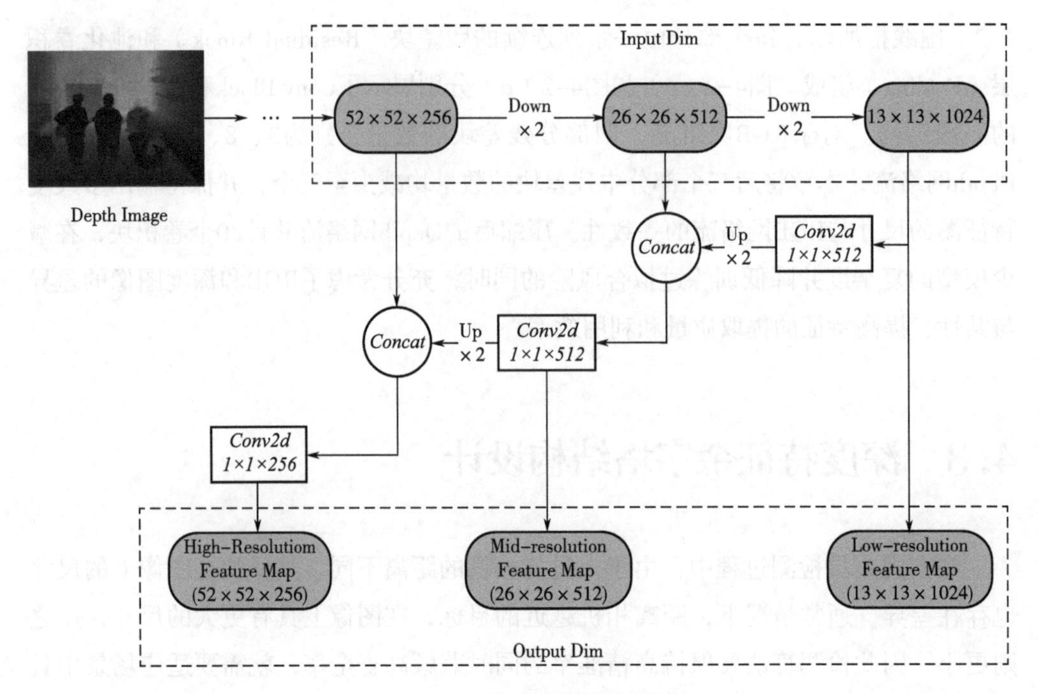

图4-3 Depth-FPN的网络结构

4.4 多模态自适应通道加权模块设计

在利用RGB-D数据进行人员检测的过程中，RGB-D多模态特征的质量和特征融合策略，通常决定了RGB-D多模态人员检测的性能优劣。由于RGB特征与Depth特征来自不同的数据源，二者具有不同的数据分布特性。仅采用简单的通道合并不仅无法深入挖掘RGB和深度数据之间的关联模式，甚至可能使原本有序的图像特征分布趋于混乱。大量冗余信息和无序的特征分布严重影响模型收敛以及检测性能，而良好的特征融合策略能够更有效地实现特征互补，提高多模态特征的质量。因此设计更高效的RGB-D多模态特征融合方法对提升算法的检测性能是至关重要的。

本章参考SE Block [152] 的设计思想，提出一种RGB-D自适应通道加权模块ACW，用于RGB-D多模态特征的高效融合。该模块重点关注RGB和Depth特征图连接后的多模态通道之间的关系，设计网络模型对通道之间的关联模式进行建模，自适应地学习调节通道的特征响应。通过这种机制，模型可以学习来自网络全局感受域的全局信息，调节多模态数据分布，从而实现高效特征融合。本章所提出ACW模块如图4-4所示。

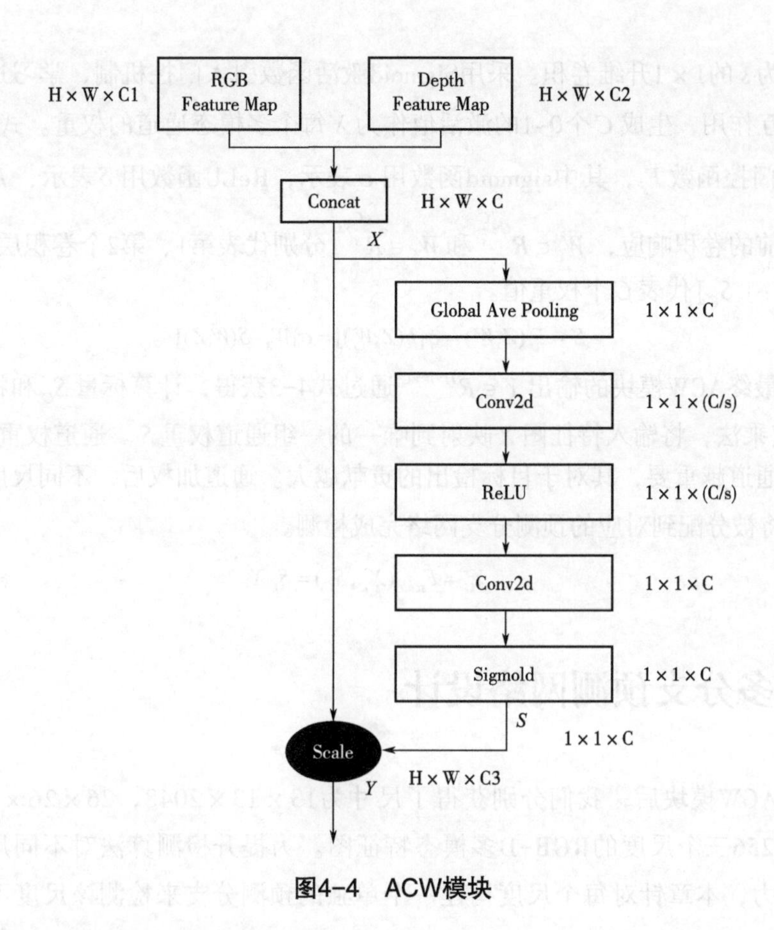

图4-4　ACW模块

ACW模块的具体工作流程如下：

（1）首先ACW模块接受RGB和Depth特征图作为输入，二者来自特征金字塔的相同层级且具有相同分辨率。首先连接特征图通道，并将合并后的多模态特征图记为$X \in R^{H \times W \times C}$，其$C = C_1 + C_2$。

（2）然后将其输入到分支网络中，通过网络层自适应学习各多模态通道的权重。由于X中每个特征通道是由一个卷积核滑动生成，输出每个单元的响应值仅反映局部感受范围，其不能利用该范围之外的上下文信息。因此在分支网络引入全局平均池化层F_p，将每个特征通道的全局空间信息聚合为一个通道描述符，见式4-1。其中，统计量$Z \in R^{1 \times 1 \times C}$为特征聚合后的输出响应，$X_c$代表输入特征图$X$的第$C$个通道，$Z_C$表示第$C$个通道的输出响应。

$$Z_c = F_p(X) = \frac{1}{H \times W} \sum_{i=1}^{H} \sum_{j=1}^{W} X_c(i, j) \tag{4-1}$$

（3）为限制模型的复杂度，在其后引入一个由两个卷积层组成的Bottleneck学习非线性映射。Bottleneck结构为1个缩减比为$1/s$的1×1降维卷积、1个ReLU激活和1

个拓展比为s的1×1升维卷积。采用Sigmoid激活函数引入门控机制，学习通道间的非线性相互作用，生成C个0~1的激活值作为X每个多模态通道的权重。式4-2描述了sigmoid门控函数F_s，其中sigmoid函数用σ表示，ReLU函数用δ表示，$h(x,w)$表示未激活前的卷积响应，$W_1\in R^{C\times\frac{C}{s}}$和$W_1\in R^{\frac{C}{s}\times C}$分别代表第1、第2个卷积层的参数，$S\in[S_1,S_2,\cdots,S_C]$代表$C$个权重值。

$$S=F_s(Z,W)=\sigma[h(Z,W)]=\sigma[W_2\cdot\delta(W_1Z)] \quad (4\text{-}2)$$

（4）最终ACW模块的输出$Y\in R^{H\times W\times C}$通过式4-3获得，计算标量$S_C$和特征映射$X_C$的通道乘法，将输入特征图$X$映射到唯一的一组通道权重$S$。通道权重值越大，表明当前通道越重要，其对于目标检出的贡献越大。通道加权后，不同尺度的输出特征图Y将被分配到对应的预测分支网络完成检测。

$$Y_C=F_{scale}(X_C,S_C)=S_CX_C \quad (4\text{-}3)$$

4.5 多分支预测网络设计

经过ACW模块后，我们分别获得了尺寸为$13\times13\times2048$，$26\times26\times512$以及$52\times52\times256$三个尺度的RGB-D多模态特征图。为提升检测算法对不同尺度目标的适应能力，本章针对每个尺度构建一个单独的预测分支来检测该尺度下的人员目标。

采用多分支预测的理由是：①$13\times13$的低分辨率特征图上每个位置的感受野区域最大，且深层语义特征更为丰富，因此有利于观测图像中距离镜头较近的大尺寸人员；②$26\times26$的中分辨率特征图的感受野范围适中，可用于观测中等尺寸的人员；③$52\times52$的高分辨率特征图的感受野范围最小，但其包含目标的细节纹理信息，因此对于检测场景中的小尺寸行人大有帮助。

本章所采用的多分支预测网络的结构如图4-5所示，具体步骤如下：

（1）增加瓶颈层（Bottleneck）以降低特征图的维度。原始多模态特征图的输出维度较大，会影响模型的推理速度，此外加权融合后的特征通道在位置上仍保持叠加方式，未对其进行随机打乱，易导致通道间的信息交流不通畅。因此本章在每个输入特征图后增加一个瓶颈层，减少输出通道的维度的同时为网络增加非线性映射。

（2）选择合适的先验框尺寸。本章采用YOLOv3中提供的9个先验框（Anchors）比例，其是利用K-Means聚类算法在ImageNet数据集上对目标边框进行聚类获得，我们依据尺度大小为每个预测分支分配三个anchors，使之更专注于相近尺度的目标

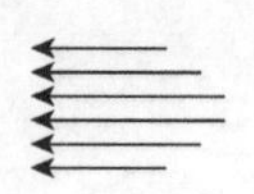

检测。

（3）获得输出特征向量。以输入为13 × 13 × 2048的预测分支为例，在瓶颈层后接一个1 × 1 × 18的卷积层，从而得到维度为13 × 13 × 18的输出特征向量。将输出特征向量映射为13 × 13的特征图网格，则每个网格单元包含一个深度为18的一维特征向量，向量的元素组成结构见式4-4。

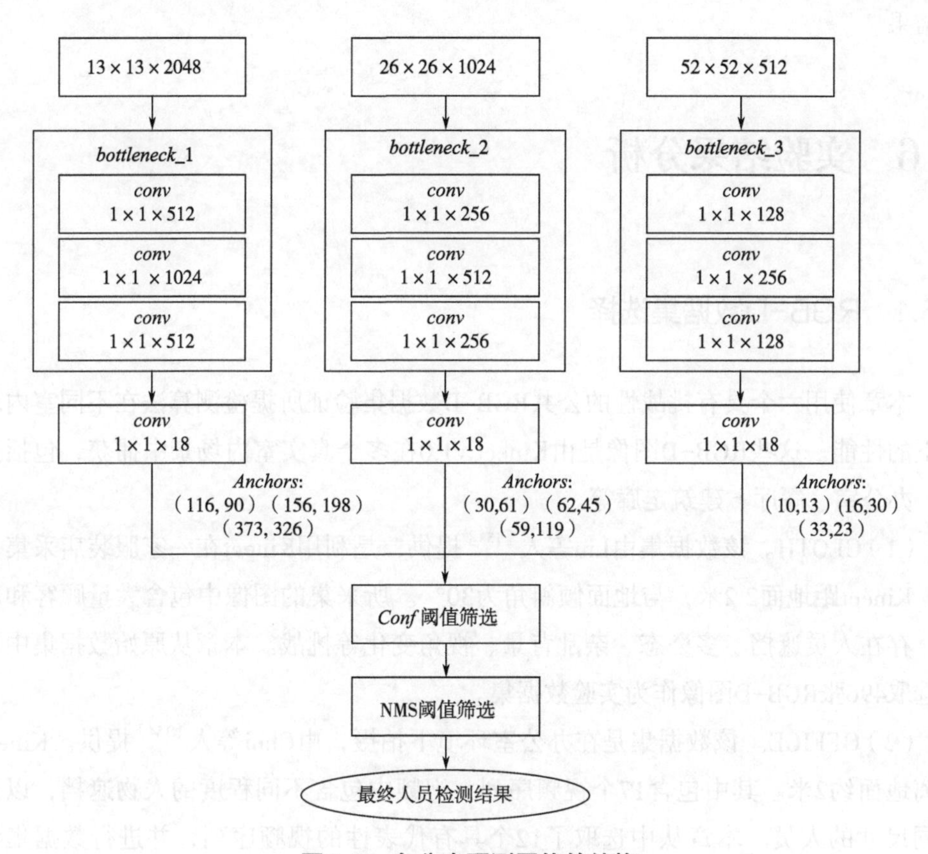

图4-5　多分支预测网络的结构

$$dim_{18} = num\_anchors \times (tx, ty, tw, conf_{obj}, conf_{person}) \tag{4-4}$$

其中 dim_{18} 表示输出一个长度为18的特征向量，包含一个预测目标的位置信息和置信度信息；$num\_anchors$ 为每个单元的anchors数量，本章中固定为3；(tx, ty, tw, th) 代表预测框的相对于anchor的偏移坐标，从中可以解码出预测框在图像上的真实坐标；$conf_{obj}$ 和 $conf_{person}$ 分别为目标置信度和人员置信度，目标置信度表示当前预测边框中存在目标的概率，存在则为1，反之为0，类别置信度表示预测边框的类别被确定为人的概率，其取值范围0~1，通常取二值的乘积作为目标的检测置信度，即 $Conf = conf_{obj} \times conf_{person}$。

（4）阈值筛选，获得最终检测结果。对于$26\times26\times1024$以及$52\times52\times256$两个预测分支，执行与$13\times13\times2048$预测分支相似的操作，并将上述三个预测分支的输出特征向量进行合并，得到当前图像中的所有可能包含人员的检测结果。然后利用置信度阈值剔除分数较低的预测边框，最后应用非极大值抑制算法（Non-Maximum Suppression，NMS）剔除同一目标的重叠边框，得到最终人员检测结果。

4.6 实验结果分析

4.6.1 RGB-D数据集选择

本章使用六个具有挑战性的公共RGB-D数据集验证所提检测算法在不同室内环境下的性能。这些RGB-D图像是由Kinect v1.0在多个真实室内场景中捕获，包括商店、办公室、餐厅、建筑走廊等。

（1）CLOTH。该数据集由Liu等人[153]提供，是利用Kinect在一家服装店采集获得。Kinect距地面2.2米，与地面倾斜角为30°。所采集的图像中包含大量顾客和店员，存在人员遮挡、多姿态、杂乱背景、视角变化等挑战。本章从原始数据集中均匀选取496张RGB-D图像作为实验数据集。

（2）OFFICE。该数据集是在办公室环境下拍摄，由Choi等人[154]提供。Kinect距离地面约2米。其中包含17个视频序列，视频中包含不同程度的人物遮挡，以及不同尺寸的人员。本章从中选取了12个具有代表性的视频序列，并进行数据集整合，共保留2209张RGB-D图像。

（3）MOBILE。该数据集也来源于Choi等人[154]。其通过将Kinect相机安装到移动机器人上进行动态采集，主要拍摄场景包括会议室、走廊、餐厅。近似水平的拍摄视角，动态背景，人员重叠，远近距离以及关照条件变化都对该数据集下的人员检测提出了挑战。本章选取了18个视频序列中的8个，共691张RGB-D图像。他们主要集中于有更多的移动人员、频繁遮挡的产生的办公室和餐厅场景。

（4）DARK。该数据集在夜间拍摄，由Zhang等人[29]提供。包含3个视频序列，共计275张RGB-D图像。在这种低照度场景下，仅通过RGB图像无法区分人员和背景。本章通过DARK数据集来验证本章算法在光照昏暗甚至黑暗条件下的人员检测性能。

（5）MICC。Bondi等人[155]提供的Micc People Counting数据集，主要面向室内拥挤条件下的视觉监控。数据集记录了三个视频序列：FLOW、QUEUE和GROUPS。其中FLOW用于模拟在地铁/火车站的行人通道人员双向流动的情景；在QUEUE中，人员以队列的形式依次向前移动；GROUPS则将参与者分为两组，允许在采集区域内进行小范围的移动和互相交谈，适用于会议室、讨论会等封闭场景。整个数据集共有3193张RGB-D图像。

（6）EPFL。该数据集由Bagautdinov等人[156]提供，共包含两个场景。EPFL-LAB在实验室场景下拍摄，最多有四个人出现在相机画面中，共250张RGB-D图像。EPFL-CORRIDOR在教学楼的走廊拍摄，包含8个视频序列，共1582张RGB-D图像。这些序列中涵盖了迎面移动、背向移动和交叉移动的行人流。此外人员的严重遮挡和尺度变化成为该数据集的最大挑战。本章在该数据集验证所提出算法在频繁遮挡条件下的人员检测性能。

本章整合CLOTH、OFFICE、MOBILE、DARK和MICC为一个大型RGB-D室内人员检测数据集，并对该数据集中人员头肩区域进行重新标注，命名为RGBD-Human，其包含6864对RGB-Depth图像。本章中按照6：2：2随机划分训练、验证和测试集，它们所包含的样本数分别为4118、1373和1373张。对于EPFL数据集，本章按照6：4随机划分训练集和测试集，分别包含1099和733张。训练集样本采用色彩抖动、随机平移旋转、随机水平翻转进行数据增强，真实标注也进行对应坐标转化。

4.6.2　深度图像预处理

由第2章对Kinect相机的分析可知，由于Kinect自身的成像缺陷，其捕获的原始深度图像通常包含较多深度缺失，这些深度缺失反映在深度图像中为大小不一的黑色空洞。为了降低图像空洞对检测性能的影响，并增强深度图像的特征描述，需要对其进行空洞填充和深度编码预处理。

（1）空洞填充。本章采用Zhang等人[157]提出的空洞填充方法修复深度图像，该方法首先训练一个以RGB图像为输入的CNN网络，来预测稠密的表面法线和遮挡边界，然后将这些预测与原始深度图相结合，应用全局优化求解绝对深度，实现缺失深度的填充。原始深度和填充后深度图像如图4-6所示。

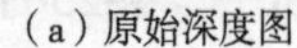

（a）原始深度图

（b）填充后的深度图

图4-6　深度空洞填充效果图

（2）深度编码。深度图像编码旨在增强深度图像像素间潜在的关联，如深度相似性、微分特性以及表面法线等。此外，通过深度编码可以将单通道深度图像转化为具有特定模式的三通道图像，使其具备与RGB图像相似的特性，从而能够利用RGB图像预训练得到的模型实现权值共享。现有常见的深度图像编码主要有两种：第一种是通过Jet ColorMap对深度图进行着色处理，第二种是HHA编码方法。

①Jet ColorMap：Jet ColorMap可以视为以从蓝到红的色度值范围对深度图像的深度值范围进行着色处理。在编码过程中，深度图像上不同深度值对应Jet ColorMap中不同的颜色值。具体的，蓝色代表近处的小深度值，随着深度不断增加，其相对应的色度值也逐渐增加，最终在最远处被编码为红色。编码后的深度图像类似于伪彩色图，具有RGB图像的特性。

②HHA：该方法在文献［158］中被提出并证实有效，HHA将Depth图像编码为三个通道，分别代表水平视差、对地高度以及地面法线和重力方向的角度。HHA编码描述了场景的2.5维特征，能够更好地分离出纹理丰富的前景目标，挖掘深度信息的关联。

彩图4-2（a）、（b）（见文后）分别展示Jet ColorMap和HHA编码后的深度图像。为了更有效地利用深度互补信息，本章采用HHA编码对修复后的深度图像进行预处理。

4.6.3　实验环境与参数

在本章提出的AAFTS-net中，RGB网络流采用ImageNet预训练的Darknet-53进行参数初始化，MiniDepth-30以及其余网络层采用均值为0、方差为1的高斯分布随机初始化网络参数。Anchors的尺寸设置、匹配策略以及损失函数与YOLOv3保持一致，将9个ratio均匀分布与低、中、高分辨率特征图对应的三个预测分支。针对人员检测任务仅需要检测“Person”类别，因此我们将分类层的类别数量设置为1。

实验使用Pytorch1.0深度学习框架，在装有NVIDIA GTX1080Ti显卡和CUDA10.2运算平台的Ubuntu18.04系统上训练20小时。总训练轮数为100，batch size设置为8。初始学习率设置为0.001，迭代60轮后降低为0.0001，80轮后降低为0.00001。训练优化器采用SGD，动量Momentum为0.9，权重衰减为1e-3。置信度阈值设置为0.3，NMS阈值设置为0.4。

4.6.4 算法验证与比较

本节从以下五部分验证算法性能，以证实所提AAFTS-net的先进性：

①第一部分中，介绍本章使用的五个在人员检测领域常用的算法评价指标。

②第二部分中，本章分别在RGBD-Human、OFFICE、DARK和MICC四个数据集上对比所提算法和原始YOLOv3算法的检测性能。

③第三部分中，本章在CLOTH、OFFICE、DARK和MOBILE四个数据集上对比所提算法与前人工作的检测性能。

④第四部分中，本章在EPFL遮挡数据集上对比所提算法与YOLOv3算法，以验证本章算法应对频繁遮挡的稳健性。

⑤第五部分中，本章通过增加消融实验，验证所提算法组件为性能提升带来的贡献，从而证明其有效性。

（1）算法评价指标。本章中使用FPPI-MR曲线作为主要评估参数，并添加精准率（Precision）、召回率（Recall）和F1分数作为辅助评估参数来评估算法的检测性能。FPPI（False Positive Per Image）定义为平均每幅图像中的错误检测的数量，用于评估错误检测率，计算方法见式4-5，其中N代表测试集中的样本总数。MR（Miss Rate）定义为未检出的目标数量与地面真实标记（GTs）总数的比值，用于评估遗漏率，计算方法见式4-6。通过设置不同的置信度阈值，可以获得一组FPPI-MR值并绘制FPPI-MR曲线。FPPI-MR曲线下的面积越小，检测算法的性能越好。精准率、召回率和F1分数的计算方法见式4-7、式4-8和式4-9所示。F1分数用于平衡检测的精准率和召回率。F1分数越大，表明该算法具有更好的检测性能。

$$\mathrm{FPPI}=\frac{\mathrm{FP}}{\mathrm{N}} \tag{4-5}$$

$$\mathrm{MR}=\frac{\mathrm{FN}}{\mathrm{TP}+\mathrm{FN}} \tag{4-6}$$

$$\mathrm{Precision}=\frac{\mathrm{TP}}{\mathrm{TP}+\mathrm{FP}} \tag{4-7}$$

$$\text{Recall}=\frac{TP}{TP+FN} \tag{4-8}$$

$$\text{Fl}=2*\frac{\text{Precision*Recall}}{\text{Precision+Recall}} \tag{4-9}$$

（2）与YOLOv3算法的对比实验结果。为验证AAFTS-net引入深度信息对人员检测的提升，本章分别在RGBD-Human、OFFICE、DARK和MICC数据集上对比AAFTS-net和YOLOv3的检测结果。在训练阶段，使用与4.3.5节相同的训练策略获得AAFTS-net和YOLOv3模型以进行实验对比。对于YOLOv3模型，仅选择RGB-D数据中的RGB图像进行训练。在测试阶段，置信度阈值和NMS阈值分别设置为0.3和0.4，以获得表4-1和表4-2中所示的实验结果。

①在RGBD-Human上的对比实验结果：实验结果如表4-1所示，本章AAFTS-net方法的FPPI和MR值相比YOLOv3分别降低了0.13和0.12，这表明AAFTS-net可以有效地降低误检率和漏检率。同时，伴随精准率提升3.7%，AAFTS-net的F1分数提升了将近2%，这证明AAFTS-net在当前RGB-D数据集上的检测精度上优于YOLOv3。与原始YOLOv3相比，我们以仅0.003毫秒的推理时间为代价，获得了上述显著的性能提升。在装有NVIDIA 1080Ti显卡的主机上，所提AAFTS-net算法的实时速度可以达到47FPS。这种性能提升与Depth特征易理解、抗干扰强和遮挡稳健的特性是密不可分的。同时印证了通过良好的特征构造机制生成的Depth特征，能够补充并强化RGB特征，从而获得更稳健的多模态特征。

表4-1 在RGBD-Human上AAFTS-net与YOLOv3的对比结果

方法	FPPI	MR	Precision	Recall	F1	Inference Time
YOLOv3	0.378	0.095	0.913	0.905	0.908	0.020ms
AAFTS-net	0.259	0.083	0.940	0.917	0.928	0.023ms

②在OFFICE、DARK和MICC上的对比实验结果：在RGBD-Human数据集中，每个子集代表一个不同的室内检测场景。每个子集的不同数据分布可能会对算法性能产生影响。因此，本章在OFFICE，DARK和MICC数据集上对比AAFTS-net和YOLOv3的结果，以分析来自不同场景和数据质量水平的元数据对检测结果的影响。实验结果见表4-2。

表4-2 在OFFICE、DARK和MICC上AAFTS-net与YOLOv3的对比结果

数据集	样本数	算法	FPPI	MR	Precision	Recall	F1
OFFICE	881	YOLOv3	0.363	0.124	0.878	0.876	0.877
		AAFTS-net	0.270	0.121	0.906	0.879	0.893

续表

数据集	样本数	算法	FPPI	MR	Precision	Recall	F1
DARK	95	YOLOv3	1.210	0.406	0.686	0.594	0.637
		AAFTS-net	0.827	0.169	0.817	0.831	0.824
MICC	1301	YOLOv3	0.356	0.038	0.939	0.962	0.950
		AAFTS-net	0.233	0.037	0.959	0.963	0.961

从上述实验结果可以看出，AAFTS-net在OFFICE，MICC和DARK数据集上的总体性能均优于YOLOv3，有力地证明了所提AAFTS-net算法可以高精度地应用于多种室内场景。与YOLOv3相比，AAFTS-net在MICC上的FPPI值降低了0.123，精准率提高了2%，这表明所提算法大大减少了检测过程中的假阳性错误，在OFFICE中同样获得了类似的结果。

值得注意的是，AAFTS-net在DARK数据集上的性能提升是显著的，FPPI和MR值分别下降0.383和0.237，同时F1分数增加比率超过了20%，这证实了与传统仅基于RGB图像的检测方法相比，融合多模态数据的AAFTS-net可以显著增强黑暗条件下的检测稳健性。

（3）与前人工作的对比实验结果。本章在CLOTH、OFFICE、DARK和MOBILE四个数据集上对比所提AAFTS-net算法与前人的工作。其中在CLOTH、OFFICE、MOBILE数据集上对比与文献［28，29，32，42，159］中报告的检测结果，在DARK数据集上对比文献［28，29，32］中报告的检测结果，以验证AAFTS-net算法在夜间低照度条件下的性能。彩图4-3（见文后）描述了上述四个数据集上FPPI-MR曲线的对比结果。

彩图4-3的实验结果表明，所提AAFTS-net在OFFICE、MOBILE和DARK数据集上均获得最佳性能，平均丢失率均低于0.1，这表明AAFTS-net可以在各种受限场景下可靠地检测人员。观察图中FPPI-MR曲线的变化趋势，AAFTS-net具有更低的平均误检率和漏检率，明显优于其他现有方法[28, 29, 32, 42, 159]。尤其在DARK数据集中，人眼几乎看不到图像中的任何人，而相比前人工作[28, 29, 32]，AAFTS-net的检测性能提高了近两倍。算法在CLOTH下的结果略差，分析其原因主要是由于原始CLOTH数据集中深度信息缺失过多，而这些空洞区域多集中于人员所在位置，使得深度图的质量低下，难以从中提取有效的人员Depth特征。

文献［28］利用深度值和真实头部尺寸获得头部区域，但这种粗提取的方式的定位误差较大，难以精确定位人员坐标。文献［29，32，159］搜索头部轮廓极值点的定位方式，在人员密集遮挡和复杂背景下会失败，且严重依赖原始深度数据的准确性。文献［42］中多流网络的模型复杂度过高，易导致模型训练失败，且其预测框的尺寸比例单一，使得模型对于不同尺寸目标的适应性差。

对比前人工作，本章通过引入非对称双流网络将RGB-D双流网络的模型复杂度控制在合理范围，既充分兼顾了RGB和Depth特征的共性和特异性，又可确保算法的推理速度；深度特征金字塔有助于提升算法对不同尺寸目标的适应能力；通道加权强调了不同模态数据之间的共性和差异并据此建立关联模型，为算法做出正确预测提供更可靠的多模态特征表示。彩图4-4（见文后）展示了AAFTS-net在RGBD-Human数据集上的部分检测结果示例。

（4）应对频繁遮挡的稳健性。人员的交叉遮挡在室内场景中普遍存在。遮挡使得人员的部分身体部位不可见，易导致检测过程中的人员漏检和误检。本章在EPFL数据集上验证AAFTS-net在遮挡条件下的人员检测性能。EPFL数据集中涵盖了远距离遮挡、交叉遮挡、人员多姿态、严重遮挡等多种遮挡类型的RGB-D数据。实验对比结果如表4-3所示。

表4-3　在EPFL遮挡测试集上AAFTS-net与YOLOv3的对比结果

算法	FPPI	MR	Precision	Recall	F1
YOLOv3	1.190	0.133	0.803	0.867	0.834
AAFTS-net	0.664	0.108	0.870	0.892	0.880

从表4-3中的结果可以看出，相比YOLOv3，AAFTS-net算法获得了7%的精准率和2.5%的召回率提升，与此同时FPPI和MR值分别降低了0.52和3%，有效降低了频繁遮挡下的人员误检和漏检。对于遮挡下的人员，其距离相机的距离不同，则反映在深度图像上具有不同的灰度差。这种灰度差异使得前后重叠的两个人在人体轮廓处发生明显的断层，本章方法能够高效利用这种RGB图像上不显著的个体深度差异，从而提取具有辨识力的特征用于区分遮挡个体。彩图4-5（见文后）展示了部分EPFL样本上的可视化结果。由于样本中存在大量人员遮挡，本章标记预测头部边框的中心点使结果便于观察。

（5）消融实验。

①非对称网络的选择：为对比不同网络深度带来的影响，本章采用与4.1节MiniDepth-30相同的剪枝策略，获得了MiniDepth-22以MiniDepth-40深度网络模型，它们分别包含22和40个卷积块。本章将MiniDepth-22，MiniDepth-30，MiniDepth-40以及Darknet-53作为RGB-D双流网络的Depth网络流，在RGB-Human数据集上训练模型并测试性能，对比结果如表4-4所示。

表4-4 网络深度选择带来的贡献

	MiniDepth-22	MiniDepth-30（Ours）	MiniDepth-40	Darknet-53
FPPI	0.284	0.259	0.301	0.285
Miss rate	0.099	0.084	0.093	0.097
Precision	0.924	0.941	0.919	0.915
Recall	0.901	0.916	0.907	0.903
F1	0.914	0.928	0.912	0.909

实验结果表明，MiniDepth-30模型为算法带来了最佳性能提升，而Darknet-53的结果最差，这证实了本章通过卷积可视化分析选择最佳网络深度，并构建非对称双流网络的有效性。而对比MiniDepth-22和MiniDepth-40，本章选取折中的最佳网络深度，既避免了浅层网络特征提取能力不足的问题，又能够保证Depth特征的完整性和有效性。

②组件选择：为验证所提AAFTS-net算法中各组件对性能提升的贡献，本章对深度特征金字塔（Depth-FPN）、自适应通道加权模块（ACW）以及HHA深度编码等主要组件进行了消融实验，实验结果如表4-5所示。

表4-5 AAFTS-net的各关键组件带来的贡献

	HHA+ACW	FPN+ACW	HHA+FPN	AAFTS-net
Depth-FPN?		√	√	√
ACW?	√	√		√
HHA?	√		√	√
F1	0.916	0.920	0.893	0.928

实验结果表明，AAFTS-net通过引入Depth-FPN带来了1.2%的F1分数提升，这主要归因于多尺度特征融合增强了检测器对于不同尺寸目标的适应性。HHA编码对算法的贡献较小，仅增加了0.8%，其主要是通过增强深度图中人物边缘而带来的效果增益。ACW模块的引入使AAFTS-net获得了3.5%的F1分数提升，这表明本章探索RGB和Depth多模态特征通道之间的内在关联，对于提升RGB-D人员检测的性能具有重要意义。

4.7 本章小结

本章首先介绍了所提RGB-D人员检测算法的总体流程，然后分析传统对称型

RGB-D双流网络的结构缺陷，并依据卷积可视化结果构建了非对称型RGB-D双流网络，降低训练难度的同时使特征提取更具针对性；构建深度特征金字塔结构，融合不同层级的多尺度特征表示，提升算法对图像上不同尺寸目标的适应性；引入一种自适应通道加权模块学习RGB和深度模态间的关联模式，对多模态特征通道进行加权融合；最后将不同尺度的多模态特征图输入到多分支预测网络中，并利用NMS算法对预测结果进行筛选，获得最终人员检测结果。本章在多个RGB-D室内数据集上对比所提算法与前人工作，验证了所提算法的先进性以及多场景的稳健性，同时对算法中的关键组件进行了消融实验，以验证各组件为检测性能提升带来的贡献。

第5章 基于非对称孪生网络的多目标跟踪算法

当有疫情发生时，相关部门会为商铺、健身房等公共场所设置人员数量警戒红线，并规定个人防护措施。但部分商铺或健身房有可能因管理不到位导致其内部聚集大量人员，增加疫情传播的风险。为帮助管理人员快速对人员密集场所位置做出预警，本文提出了基于非对称孪生网络的多目标跟踪算法，该算法可生成多名人员的运动轨迹，用于统计当前场景内的人员数量和运动方向，方便管理人员和监管人员及时处理场所的高风险行为，切断疫情传播渠道。

本章主要介绍基于非对称孪生网络的多目标跟踪算法。首先，本章将描述多目标跟踪算法的总体框架。然后，本章将详细介绍多目标跟踪算法中的核心模块，即轨迹生成模块以及轨迹优化模块。随后，本章将介绍实验测试所需计算机环境、数据集以及测试指标，并根据测试指标量化分析本章所述多目标跟踪算法的有效性。最后，本章将对多目标跟踪算法进行总结。本章技术路线如图5-1所示。

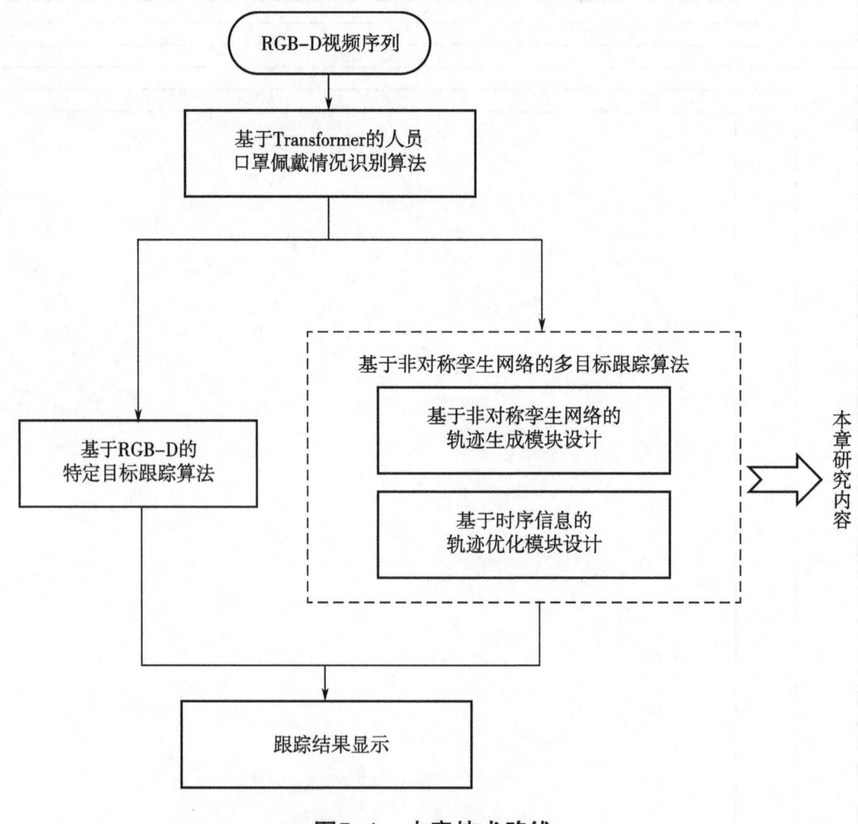

图5-1 本章技术路线

5.1 多目标跟踪算法总体框架

目前，Sort跟踪算法因其计算量低、部署便捷的优点成为被广泛应用的多目标跟踪算法，以满足长时跟踪任务的需要。但当场景内聚集大量人员时，相邻两帧间的人员位置过近，导致Sort算法易发生轨迹断连问题。现阶段，单目标跟踪算法发展迅猛，在短时跟踪任务下，单目标跟踪算法可快速输出高质量跟踪结果。

为解决Sort跟踪算法在人员密集场景下发生轨迹断连或错误问题，本章提出的多目标跟踪算法将单目标跟踪算法的高质量跟踪优点与Sort跟踪算法进行结合，通过切分视频序列将长时跟踪任务转换为多个短时跟踪任务，随后在每一个短时跟踪任务中使用单目标跟踪算法来提供高质量跟踪结果。通过加强每一段视频子序列中人员轨迹的完整性，从而提升长时跟踪任务的跟踪轨迹质量。

本章提出基于非对称孪生网络的多目标跟踪算法主要由视频序列切分模块、轨迹生成模块以及轨迹优化模块三部分组成。本章提出的基于非对称孪生网络的多目标跟踪算法的总体流程如图5-2所示。

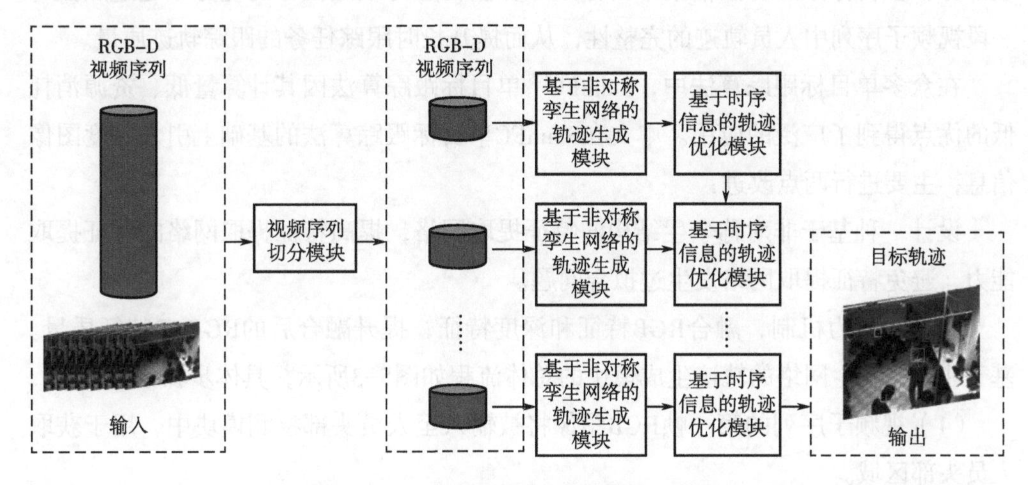

图5-2 多目标跟踪算法的总体流程图

根据图5-2，本文所提多目标跟踪算法主要包括以下三个模块。

（1）视频序列切分模块。该模块依据当前场景内的人员数量，自动调整设置切分的视频序列长度，随后对视频序列进行切分，得到多段RGB-D视频子序列。其中，人员数量与视频序列切分长度关系将在5.4.3.2节中通过消融实验进行说明。

（2）基于非对称孪生网络的轨迹生成模块。在5.2节，本文引入深度信息，在每一个视频子序列中，该模块利用单目标跟踪算法生成场景中的人员轨迹。本文从下面两个方面改进单目标跟踪算法：

①在5.2.2.1节，提出一种基于非对称孪生结构的特征提取网络，该网络根据RGB图像和深度图像特点，可针对性地提取RGB图像中人员的外观特征和深度图像中人员的位置关系特征，避免特征提取网络发生过拟合问题。

②在5.2.2.2节，提出一种RGB-D特征融合模块，该模块通过注意力机制去除RGB特征中冗余的背景信息和深度特征中的空洞信息，从而提升融合后的RGB-D特征质量。

（3）基于时序信息的轨迹优化模块。在5.3节，本文引入视频序列时序信息，提出一种轨迹优化模块，该模块通过轨迹在相邻两段视频序列的关联状态判断轨迹种类，以此抑制间断或错误的人员头部运动轨迹，提升跟踪结果质量。

5.2 基于非对称孪生网络的轨迹生成模块设计

根据5.1节的分析可知，轨迹生成模块是实现本文所述多目标跟踪算法的关键组成部分。多目标跟踪算法借助单目标跟踪算法在短时跟踪任务的优势，通过加强每一段视频子序列中人员轨迹的完整性，从而提升长时跟踪任务的跟踪轨迹质量。

在众多单目标跟踪算法中，SiamFC[69]单目标跟踪算法因其计算量低、资源消耗低的优点得到了广泛的应用。本文在SiamFC单目标跟踪算法的基础上引入深度图像信息，主要进行两点改进：

设计一种基于非对称孪生结构的特征提取网络，提高特征提取网络的特征提取能力，避免特征提取网络发生过拟合问题。

利用注意力机制，融合RGB特征和深度特征，提升融合后的RGB-D特征质量。基于非对称孪生网络的轨迹生成模块的总体流程如图5-3所示，具体步骤如下：

（1）视频子序列的第一帧RGB图像将被输入至人员头部检测模块中，用于获取人员头部区域。

（2）人员头部区域对应的RGB图像和深度图像输入至基于非对称孪生网络的目标跟踪模块，用于提取人员头部模版特征。

（3）视频子序列剩余的RGB图像和深度图像将被输入至基于非对称孪生网络的目标跟踪模块，用于获取人员头部的运动轨迹。

（4）每一段视频子序列中所有人员头部的运动轨迹将输入至基于时序信息的轨迹优化模块，用于优化人员头部的运动轨迹。

其中，人员头部检测模块由YOLOv4+Transfomer完成。基于非对称孪生网络的目标跟踪模块以SiamFC[69]算法为基础，该模块利用RGB图像的头部外观信息和深度图像的位置距离信息，设计基于非对称孪生网络的目标跟踪模块，解决跟踪轨迹易受到遮挡、密集人群干扰导致跟踪错误问题，提升多目标跟踪算法的轨迹质量。

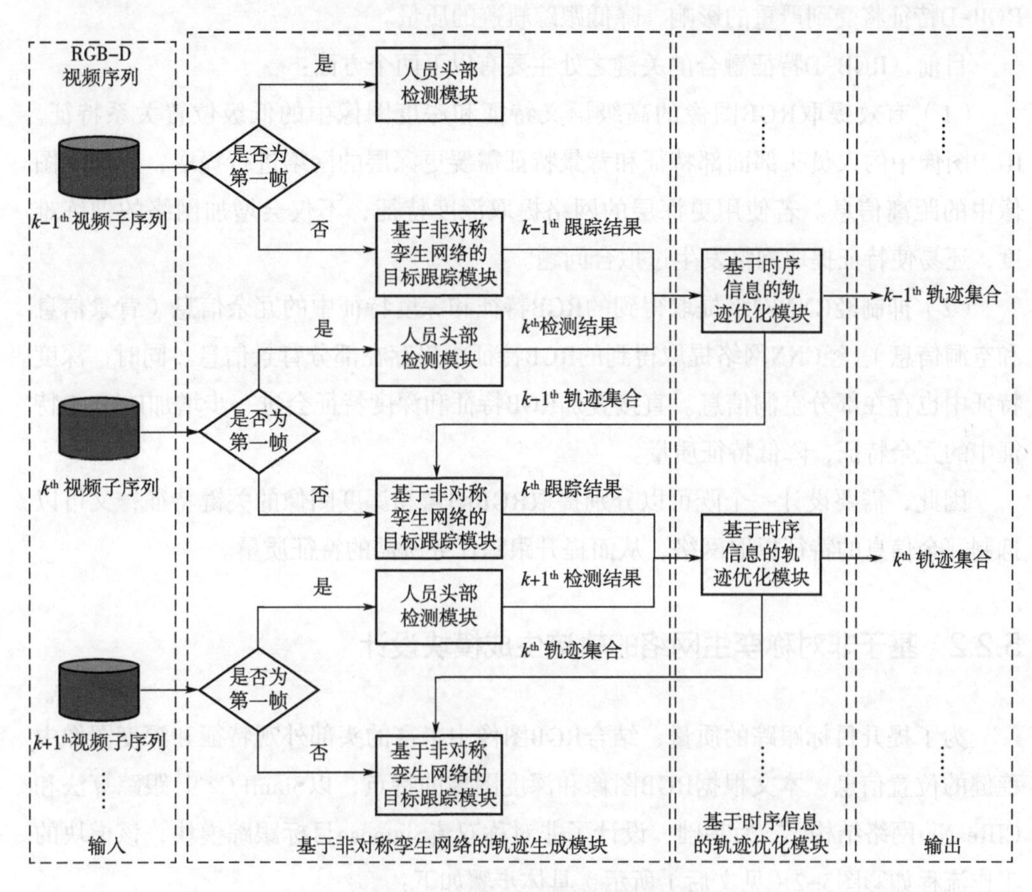

图5-3　轨迹生成模块的流程图

5.2.1　RGB图像与深度图像的卷积特征分析

RGB-D数据中既包括颜色纹理信息，也包括场景内各物体间的位置关系信息。但是，深度图像因采集设备难以测量镜面等特殊材质物体的深度信息，导致深度图像中存在部分空洞区域。同时，RGB图像中存在大量冗余的背景信息，这会影响跟踪算法辨别目标的能力。

为了结合RGB图像和深度图像中的外观信息和位置信息，部分研究学者设计对称式网络结构同时提取RGB图像和深度图像特征。本文利用卷积可视化方法通过主观形式对提取的RGB特征和深度特征进行分析，上述两种图像的卷积特征可视化结果如彩图5-1（见文后）所示。其中，两种图像经同一结构的卷积神经网络来提取特征。

根据彩图5-1可知，经同一结构的卷积神经网络提取的RGB特征和深度特征仍存在冗余的背景信息和空洞信息。若直接进行拼接或叠加融合，那么融合后的RGB-D特征将受到严重的影响，降低跟踪轨迹的质量。

目前，RGB-D特征融合的关键之处主要有以下两个方面：

（1）有效提取RGB图像的高级语义特征和深度图像中的低级位置关系特征。RGB图像中的人员头部面部特征和背景特征需要更深层的网络进行提取；而深度图像中的距离信息。若使用更深层的网络提取深度特征，不仅会增加网络的训练难度，还易使特征提取网络发生过拟合问题。

（2）抑制经CNN网络提取得到的RGB特征和深度特征中的冗余信息（背景信息和空洞信息）。经CNN网络提取得到的RGB特征中仍存在部分背景信息。同时，深度特征中也存在部分空洞信息。直接叠加RGB特征和深度特征会进一步增加RGB-D特征中的冗余特征，降低特征质量。

因此，需要设计一个既可以分别提取RGB图像和深度图像的关键特征，又可以抑制冗余信息的特征提取网络，从而提升跟踪任务所需的特征质量。

5.2.2 基于非对称孪生网络的轨迹生成模块设计

为了提升目标跟踪的质量，结合RGB图像中丰富的头部外观特征和深度图像中稳健的位置信息，本文根据RGB图像和深度图像的特点，以SiamFC[69]跟踪算法和CIResNet网络结构[74]为基础，设计了非对称双流Siamese目标跟踪模块，该模块的工作流程如彩图5-2（见文后）所示，具体步骤如下：

（1）输入RGB图像和深度图像至本文设计的RGB-CIResNet和Depth-CIRes Net以获取场景中的RGB特征和深度特征。

（2）利用注意力模块，根据特征的位置权重和通道权重融合RGB图像丰富的外观特征和深度图像的位置、边缘轮廓特征，抑制Siamese网络提取特征中的冗余信息。

（3）将模板分支和搜索分支提取得到的特征进行互相关操作，得到置信度分数矩阵。通过置信度分数矩阵中最大值位置和搜索区域位置间的关系，确定跟踪结果。

5.2.2.1 基于非对称孪生结构的特征提取网络设计

根据彩图5-1及上文的分析，RGB图像具有丰富的低阶细节信息（如颜色信息、纹理信息等）以及高阶局部特征（如面部信息、身体部位信息等），应使用更深层的神经网络进行提取以获取高质量特征；深度图像则具有中低阶位置信息（如边缘形状信息、距离信息等），应使用层数较少的神经网络提取深度特征，以避免特征提取网络发生过拟合问题。

根据RGB图像和深度图像的特点，本文设计了针对RGB图像特征提取网络RGB-CIResNet和针对深度图像特征提取网络Depth-CIResNet。

其中，RGB-CIResNet网络结构与CIResNet-22[74]全卷积神经网络结构一致；相较于RGB-CIResNet网络，Depth-CIResNet网络裁剪了部分残差块，减少了特征提取网络的层数。RGB-CIResNet和Depth-CIResNet的网络结构如表5-1所示。

表5-1　RGB-CIResNet和Depth-CIResNet的网络结构

网络类型	RGB-CIResNet	Depth-CIResNet
Conv1	7×7，64，stride 2	
Conv2	2×2 max pooling，stride 2	
	$\begin{bmatrix} 1\times1 & 64 \\ 3\times3 & 64 \\ 1\times1 & 256 \end{bmatrix}\times3$	$\begin{bmatrix} 1\times1 & 64 \\ 3\times3 & 64 \\ 1\times1 & 256 \end{bmatrix}\times1$
Conv3	$\begin{bmatrix} 1\times1 & 128 \\ 3\times3 & 128 \\ 1\times1 & 512 \end{bmatrix}\times4$	$\begin{bmatrix} 1\times1 & 128 \\ 3\times3 & 128 \\ 1\times1 & 512 \end{bmatrix}\times2$

5.2.2.2　RGB-D特征融合算法设计

RGB-CIResNet和Depth-CIResNet分别提取获得高质量的RGB特征和深度特征后，基于非对称孪生网络的目标跟踪模块需要对RGB特征和深度特征进行融合。

为解决直接叠加RGB特征和深度特征出现的特征信息冗余问题，本文利用注意力模块，提出了RGB-D特征融合算法，用于抑制融合后的RGB-D特征中的冗余信息，提升RGB-D特征质量。

近年来，深度学习中的注意力机制作为提升特征质量的算法受到了广泛关注。注意力机制关注对目标任务最有帮助的特征信息，该特征信息有利于完成目标任务。相较于仅关注特征各通道权重关系的SE-Net注意力模块[160]，CBAM注意力模块[161]综合考虑了特征的空间关系和各通道的权重关系，在其他图像识别任务上取得了优异的结果。CBAM注意力模块的结构如图5-4所示。

由图5-4可以看出，CBAM注意力模块首先将RGB-D特征作为输入特征送进通道注意力模块，提取得到RGB-D特征的通道权重关系，随后将通道权重关系与输入特征进行加权融合，输出通道注意力特征 $M_c(F)$。其中，通道注意力模块的计算过程如式5-1所示。

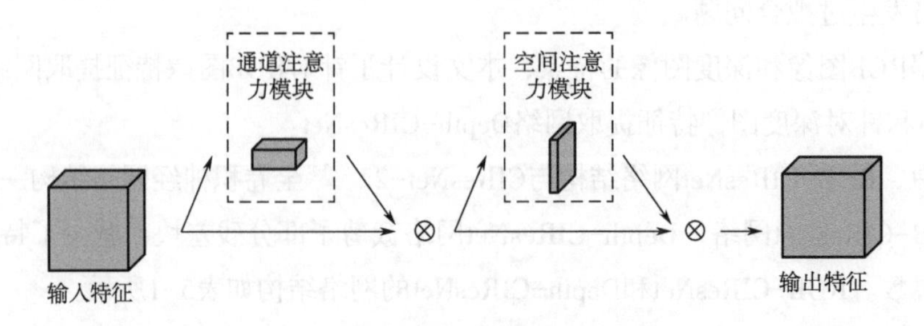

图5-4 CBAM注意力模块结构

$$M_c(F)=\sigma\left\{MLP\left[AvgPool(F)\right]+MLP\left[MaxPool(F)\right]\right\}=\sigma\left\{\left[MLP(F_{avg}^c)\right]+\left[MLP(F_{max}^c)\right]\right\} \quad (5\text{-}1)$$

其中，F 代表输入特征，F_{avg}^c 和 F_{max}^c 分别代表输入特征 F 经平均池化操作（$AvgPool$）和最大池化操作（$MaxPool$）生成的平均池化特征和最大池化特征。MLP代表多层感知器，σ代表sigmoid操作，$M_c(F)$ 代表通道注意力处理后的输出特征。

然后，将通道注意力特征 $M_c(F)$ 输入空间注意力模块，提取通道注意力特征 $M_c(F)$ 的空间权重关系，随后将空间权重关系与通道注意力特征 $M_c(F)$ 进行加权融合，输出空间注意力特征 $M_s(F)$。空间注意力模块的计算过程如式5-2所示。

$$\begin{aligned}M_s(F)&=\sigma f^{7*7}\left\{\left[AvgPool(F);MaxPool(F)\right]\right\}\\&=\sigma f^{7*7}(F_{avg}^S;F_{max}^S)\\&=\sigma f^{7*7}(F_{concat}^S)\end{aligned} \quad (5\text{-}2)$$

其中，F_{avg}^S 和 F_{max}^S 分别代表通道注意力特征 $M_c(F)$ 经平均池化操作（AvgPool）和最大池化操作（MaxPool）生成的平均池化特征和最大池化特征。F_{concat}^S 代表 F_{avg}^S 和 F_{max}^S 进行叠加操作后获取的特征。σ代表sigmoid操作，f^{7*7} 代表卷积操作（卷积核尺寸为7*7）。$M_s(F)$ 代表空间注意力处理后的输出特征。

5.2.2.3 互相关响应算法设计

为避免深层神经网络中padding操作对卷积特征的影响，本文根据CIResNet-22全卷积神经网络[74]设计RGB-CIResNet和Depth-CIResNet的网络结构。依据全卷积神经网络提取得到的卷积特征具有平移不变性这一特点，本文将将模板分支的RGB-D特征 $\varphi(z)$ 作为卷积核，与搜索分支的RGB-D特征进行互相关卷积操作，获取目标位置的得分响应图（score map）。互相关卷积的计算过程如式5-3所示。

$$f(z,x)=\varphi(z)*\varphi(x) \quad (5\text{-}3)$$

其中，$f(z,x)$ 目标位置得分响应矩阵，$*$ 表示卷积操作。非对称双流Siamese目标跟踪模块根据得分响应矩阵的最大响应值位置，确定跟踪目标在搜索区域中的位置。

5.3　基于时序信息的轨迹优化模块设计

根据5.1节的分析可知，本文5.2节所述轨迹生成模块将输出大量人员轨迹片段，无法输出完整的人员运动轨迹。同时，当人员头部检测模块因受到复杂背景或其他物体遮挡影响而发生错误时，轨迹生成模块无法判断检测结果是否正确，这导致跟踪算法易在错误的目标位置上建立目标轨迹，降低了算法输出轨迹的质量。为提升跟踪算法的跟踪质量，仍需对上述轨迹片段进行关联和优化。

在众多轨迹关联算法中，匈牙利算法具有资源消耗少、实现简单的特点而被广泛应用。本文在匈牙利算法的基础上引入视频序列时序信息，主要进行以下改进：利用时序信息，借助相邻视频子序列的匈牙利算法的关联结果判断5.2节所述轨迹生成模块的轨迹质量。随后，抑制错误或消失的运动轨迹，优化低质量轨迹。

基于时序信息的轨迹优化模块的总体流程如图5-5所示，具体步骤如下：

（1）接收轨迹生成模块生成的 $k+1^{th}$ 视频子序列的检测结果以及 k^{th} 视频子序列最后一帧的跟踪结果。

（2）计算检测结果与跟踪结果（视频子序列最后一帧时人员位置）间的交并比（Intersection-over-Union，IoU），并根据IoU数值生成损失矩阵。

（3）将损失矩阵输入至匈牙利算法中，进行轨迹关联。

（4）轨迹在 k^{th}、$k-1^{th}$ 两段视频子序列的轨迹质量，通过基于时序信息的轨迹分析模块输出轨迹在 $k+1^{th}$ 视频子序列中的轨迹质量，并依据轨迹质量进行抑制或优化处理。

如图5-5所示，首先，$k-1^{th}$ 视频子序列的多条跟踪轨迹和 k^{th} 视频子序列的人员头部检测结果将被输入至轨迹关联模块中，用于关联相邻两个视频子序列的人员头部运动轨迹。随后，关联后的轨迹信息将被输入至轨迹分析模块中，用于优化人员头部运动轨迹。其中，轨迹关联模块主要由匈牙利算法[162]构成。

本文根据人员头部检测结果和人员头部运动轨迹的位置关系，通过匈牙利算法进行最优分配，初步生成人员头部运动轨迹。轨迹分析模块以 $k-1^{th}$ 和 k^{th} 视频子序列中的人员头部检测结果和人员头部运动轨迹为依据，根据人员头部检测结果置信度和人员头部运动轨迹的位置关系优化人员头部运动轨迹。

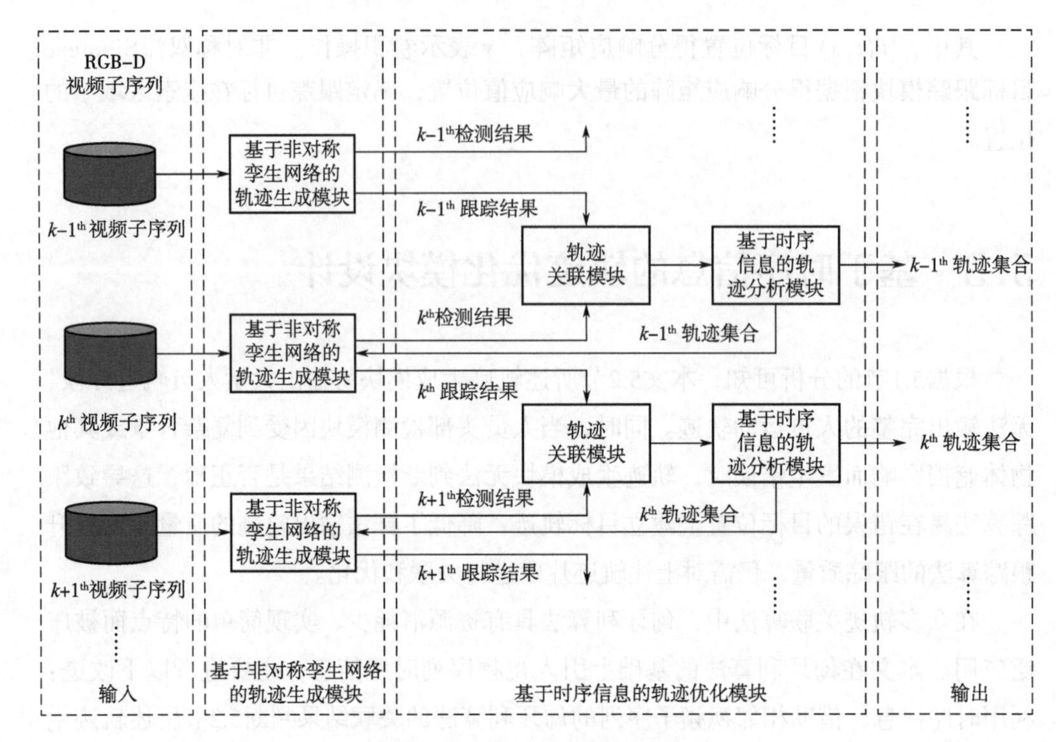

图5–5　轨迹优化模块的流程图

5.3.1　目标轨迹特点分析

在视频序列中，人员头部运动轨迹往往会受到人员头部检测模块结果的影响，出现断连或错误问题。当人员头部检测模块因复杂背景或其他人员的干扰导致检测错误时，轨迹生成模块易生成错误的人员头部运动轨迹。彩图5–3展示了部分视频子序列的人员头部运动轨迹。

如彩图5–3（见文后）所示，各个视频子序列中会出现四种人员头部运动轨迹，分别是：

（1）正确的人员头部运动轨迹（绿色框）；

（2）间断的人员头部运动轨迹（蓝色框）；

（3）错误的人员头部运动轨迹（黄色框）；

（4）正常消失的人员头部运动轨迹（红色框）。

其中，间断的人员头部运动轨迹因人员头部检测模块漏检了场景内的人员头部而产生，该种轨迹会增加多目标跟踪算法的ID切换错误次数以及遗漏跟踪次数；错误的人员头部运动轨迹模块则因人员头部检测模块误检了场景内的其他目标而产生，该种轨迹会增加多目标跟踪算法的ID切换错误次数以及错误跟踪次数。

5.3.2　基于时序信息的轨迹优化模块

为了提升跟踪轨迹的质量，本文设计了基于时序信息的轨迹优化模块，该模块主要由轨迹关联模块和轨迹分析模块组成，其工作流程如图5-6所示，具体步骤如下：

（1）从轨迹生成模块获取k-1th视频子序列的跟踪结果和$k$th视频子序列的检测结果。

（2）利用轨迹关联模块，关联k-1th视频子序列的跟踪结果和$k$th视频子序列的检测结果，形成初步的轨迹信息。

（3）综合时序信息，利用轨迹分析模块判别轨迹质量。

（4）根据轨迹质量，抑制或优化部分轨迹。

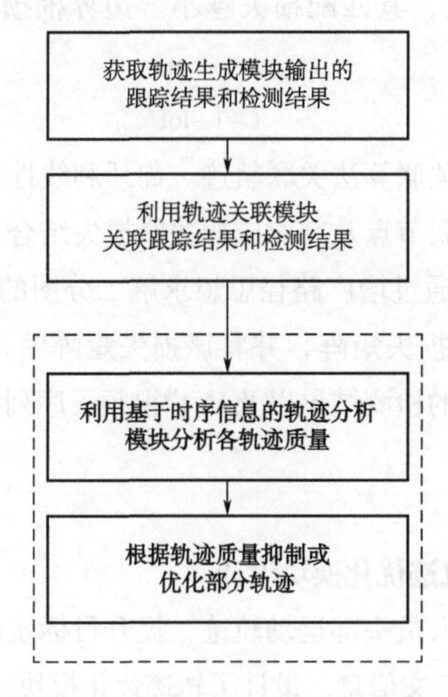

图5-6　基于时序信息的轨迹优化模块的工作流程

5.3.2.1　轨迹关联模块设计

轨迹关联模块主要用于关联相邻两段视频序列中的检测结果和跟踪结果，初步的生成人员的运动轨迹。该模块的总体流程如图5-7所示。

根据图5-7可知，该模块主要由三个部分组成，分别是计算交并比矩阵、计算关联损失矩阵以及应用匈牙利线性关联算法关联轨迹，具体步骤如下。

（1）计算交并比矩阵。该模块获取$k$th视频子序列中的检测结果以及k-1th视频子序列中最后一帧的跟踪结果。随后，该模块计算上述两个结果的交并比数值（Intersection-over-Union，IoU）。其中，交并比可用于评价两个边界框的重叠情况。

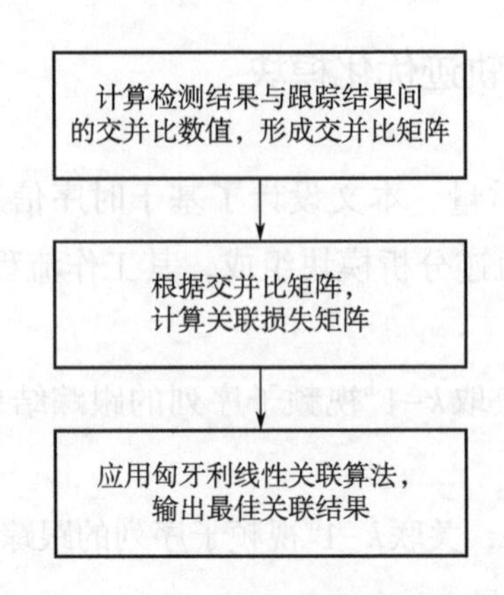

图5-7　轨迹关联模块总体流程

（2）计算关联损失矩阵。对于关联匹配任务，两个边界框的IoU数值越大，二者相互关联的可能性越大，其匹配损失越小。边界框损失值C计算方式如式5-4所示。

$$C=1-\mathrm{IoU} \tag{5-4}$$

（3）应用匈牙利线性关联算法关联轨迹。匈牙利线性关联算法由两位匈牙利数学家提出，该算法将待关联节点及其对应的关联损失结合，形成关联损失矩阵。随后，匈牙利线性关联算法通过增广路径思想求解二分图的最佳匹配。本文将式5-4计算形成的损失值整合为损失矩阵，并将该损失矩阵输入至匈牙利线性关联算法中，获得k^{th}视频子序列中的检测结果以及$k-1^{\mathrm{th}}$视频子序列中最后一帧的跟踪结果的最佳关联结果。

5.3.2.2　基于时序信息的轨迹优化模块设计

为抑制间断或错误的人员头部运动轨迹，提升目标轨迹生成模块输出的轨迹质量，本文根据视频序列上下文信息，设计了轨迹优化模块。

根据5.3.1节的分析，轨迹优化模块人员头部运动轨迹划分为三大类，分别是：

（1）高质量轨迹。该类轨迹可以完整的覆盖人员头部运动轨迹（5.3.1节中的正确的人员头部运动轨迹）。该类轨迹在每一段视频子序列的轨迹关联模块中都可以取得关联成功结果。

（2）低质量轨迹。该类轨迹因人员头部检测模块漏检了场景内的人员头部目标，造成轨迹未能完整覆盖人员头部运动轨迹，导致其在某一个视频子序列的轨迹关联模块中无法取得关联成功结果。

（3）错误/消失轨迹。该类轨迹因人员移动至场景外或人员头部检测模块误检了场景内的其他目标造成轨迹应从人员头部运动轨迹集合中删去（5.3.1节中的错误的人员头部运动轨迹和正常消失的人员头部运动轨迹）。该类轨迹因人员移动至场景外或人员头部检测模块发生误检问题，导致该类轨迹在轨迹关联模块中连续两次无法取得关联成功结果。

基于上述分析，轨迹类别分析策略如彩图5-4（见文后）所示。

由彩图5-4可以看出，在每一个视频子序列中，高质量轨迹在轨迹生成模块中进行人员头部检测操作以及跟踪操作，以此更新人员头部信息及其轨迹。

当人员头部检测模块在k^{th}视频子序列中漏检人员头部目标时，轨迹生成模块中仅进行跟踪操作。此时，轨迹生成模块仍可以提供较为准确的人员头部运动轨迹，克服人员头部检测模块的漏检问题而产生的低质量轨迹。

当人员头部检测模块在k^{th}以及$k+1^{th}$两个相邻视频子序列中错检错误轨迹对应的其他物体或无法检测出消失轨迹对应的人员头部目标时，错误/消失轨迹将从目标轨迹集合中删去，以节省多目标跟踪算法的计算量。

综上所述，本文所提基于时序信息的轨迹优化模块步骤如下所示：

（1）根据轨迹类别分析策略输出轨迹类别。

（2）若轨迹属于高质量轨迹，该模块将直接输出该条轨迹信息。

（3）若轨迹属于低质量轨迹，该模块将利用孪生跟踪算法修正该条轨迹。

（4）若轨迹属于错误/消失轨迹，该模块将删去该条轨迹信息。

5.4　实验结果分析

本节展示所提多目标跟踪算法的实验结果和分析。首先，本节描述实验所用数据集及计算机环境信息。随后，本节介绍实验所用评价指标及其计算方式。最后，本节设计消融实验和对比实验用于验证本文提出的多目标跟踪算法的有效性。

5.4.1　实验数据集与计算机环境

本次实验所用的数据集为MICC、EPFL、UM，这些数据集由RGB图像和深度图像共同组成。

MICC数据集[119]在实验室架设RGB-D相机进行拍摄，其包括三个视频序列：

Flow视频序列：人员双向走动场景。

Group视频序列：人员聚集移动场景。

Queue视频序列：人员排队行进场景。

MICC数据集的视频序列代表图如图5-8所示。

（a）Flow视频序列

（b）Group视频序列

（c）Quene视频序列

图5-8 MICC数据集的视频序列代表图

EPFL数据集[156]分别在实验室和走廊架设RGB-D相机进行拍摄，包括两个视频序列：

EPFL-LAB视频序列：实验室场景下拍摄。

EPFL-CORRIDOR视频序列：教学楼走廊场景拍摄。

两个序列都包含了不同程度的遮挡情况和尺度变化，对算法具有较大的挑战性。EPFL数据集的视频序列代表图如图5-9所示。

（a）LAB视频序列

（b）CORRIDOR视频序列

图5-9 EPFL数据集的视频序列代表图

UM数据集[163]在实验室架设RGB-D相机进行拍摄，本文选取了四段视频序列，包括人员遮挡情况。UM数据集的视频序列代表图如图5-10所示。

为了对测试结果进行评价，本文选用了MOT挑战赛[164]中提出的评价标准。在MOT评价标准中，主要使用MOTA指标和MOTP指标对多目标跟踪算法进行评价。

本文的算法采用Python语言编程实现，计算机操作系统为Ubuntu18.04，使用的计算机环境如表5-2所示。

图5-10　UM数据集的视频序列代表图

表5-2　计算机环境信息

硬件环境	软件环境
CPU: Intel（R） Core（TM）i7-10700K	开发工具：Microsoft VSCode，
内存：64.00GB	程序语言：Python 3.6
系统类型：Ubuntu 18.04	深度学习框架：PyTorch 1.7
显卡型号：NVIDIA Geforce GTX 3090	

5.4.2　实验评价指标

本文所提的多目标跟踪算法的评价指标主要有两个，分别是MOTA和MOTP。

MOTA指标关注跟踪算法的跟踪准确度，该指标与跟踪中的错误次数有关。跟踪算法发生错误的次数越多，MOTA指标越低。其计算过程如式5-5所示。

$$MOTA = 1 - \frac{\sum(FN + FP + IDS)}{\sum GT} \tag{5-5}$$

其中，FP指标代表目标预测错误的次数，FN指标代表目标漏检的次数，IDS指标代表目标ID切换的次数。GT代表真实目标的数量。

MOTP关注跟踪算法的跟踪精度，代表标注的BBOX与预测的BBOX的不匹配程度。其计算过程如式5-6所示。

$$MOTP = \frac{\sum_{t,i} d_{t,i}}{\sum_{i} c_t} \tag{5-6}$$

其中，$d_{t,i}$ 目标i的预测框和它的标注框之间的度量距离（IoU距离），c_t 代表当前帧匹配成功的数量。

此外，本文还需要介绍其他三个指标，分别是FM，MT和ML。FM表示轨迹被中断的总次数。MT代表高质量轨迹数量，高质量轨迹中至少80%的跟踪结果与真实结果重合。ML代表低质量轨迹数量，低质量轨迹中仅有20%的跟踪结果与真实结果重合。

5.4.3 实验验证与分析

5.4.3.1 超参数设置

在本实验中，本文提出的多目标跟踪算法中的孪生网络跟踪算法训练过程与SiamDW单目标跟踪算法的训练步骤相同。该网络首先使用经ImageNet数据集预先训练得到的ResNet-22网络作为孪生跟踪算法特征提取网络，然后使用MICC、EPFL、UM三个数据集对孪生跟踪算法特征提取网络进行训练。其中，孪生网络的模板分支输入图像的尺寸为127×127，搜索分支输入图像的尺寸为255×255。

5.4.3.2 消融实验对比与分析

为验证本文所提轨迹生成模块和轨迹分析模块的有效性，本文设计了两个消融实验，分别对本设计5.2节所提的轨迹生成模块和5.3节所提的轨迹优化模块进行验证。

（1）非对称孪生网络结构有效性。为验证本文所提轨迹生成模块的有效性，本文使用相同的人员头部检测算法，仅改变轨迹生成模块中的孪生网络结构，以此控制实验变量。其中孪生网络结构分为原始孪生网络结构和非对称孪生网络结构。

为了便于区分上述两种方案，本文将使用原始孪生网络结构的算法记为ADSiamMOT-RGB，使用本文提出的非对称孪生网络结构的算法记为ADSiamMOT-RGBD。本文分别在MICC、EPFL、UM三个数据集上进行测试，测试结果如表5-3所示。

表5-3　不同数据集下原始算法与本文算法的跟踪结果

数据集	算法名称	MOTA ↑	MOTP ↑	FP ↓	FN ↓	IDS ↓	FM ↓	MT ↑	ML ↓
MICC	ADSiamMOT-RGB	59.9	69.6	2271	2775	34	225	11	0
	ADSiamMOT-RGBD	62.1	69.9	2249	2538	17	269	12	0
EPFL	ADSiamMOT-RGB	39.9	74.7	606	2114	28	61	6	1
	ADSiamMOT-RGBD	42.8	74.8	581	2015	19	55	6	1
UM	ADSiamMOT-RGB	66.4	71.7	1903	11137	39	217	6	1
	ADSiamMOT-RGBD	71.8	71.8	1985	9166	42	242	9	1

根据表5-3可以看出，本文提出的非对称孪生网络结构在三个数据集上的MOTA指标均优于原始孪生网络结构。具体分析如下：

● 在遮挡情况较多的MICC、EPFL数据集上：本文提出的非对称孪生网络结构优于原始孪生网络结构，MOTA指标分别提升了3.7%和7.3%。其中，FP、FN和IDS三个指标的大幅度下降说明非对称孪生网络结构减少了跟踪错误次数，表明了其跟踪精度和稳定性强于原始的孪生网络结构。

● 在遮挡情况较少的UM数据集上：本文提出的非对称孪生网络结构优于原始孪生网络结构，MOTA指标提升了8.1%。其中，非对称孪生网络结构和原始孪生网络结构的FP和IDS指标差异较小，但是FN指标下降明显。该结果表明，当跟踪场景的遮挡情况较少时，所提的非对称孪生网络结构可有效减少漏检的数量，提高多目标跟踪的跟踪准确度。

综上所述，本文提出的非对称孪生网络结构在各个场景下的MOTA跟踪指标均优于原始孪生跟踪算法，表明了非对称孪生目标跟踪模块的有效性。

（2）轨迹优化模块有效性。为了验证本文提出的轨迹优化模块的有效性，本文选取不同的视频子序列长度（interval）设计多组对比方案进行测试。具体的，本文使用相同的人员头部检测算法和轨迹生成模块。其中interval为0代表该方案使用逐帧检测框架（Tracking-by-Detection）。interval从1到10代表该方案应用了本文提出的轨迹优化。其中，interval的计量单位为视频序列中的图像帧数量。本文分别在MICC、EPFL、UM三个数据集上进行测试，测试结果如表5-4所示。

● 本文所提轨迹优化模块与逐帧检测框架相比较：本文所提出的轨迹优化模块优于逐帧检测框架。具体的，在MICC、EPFL、UM数据集上，MOTA指标分别提升了5.6%，1.5%，2.2%，IDS指标分别下降了107，21，301。这说明本文所提的轨迹优化模块有效减少了ID切换次数，表明其可以有效解决目标轨迹断连问题，提升多目标跟踪算法的跟踪精度和稳定性。

● 本文所提轨迹优化模块中内部参数interval比较：当视频子序列中出现较多新目标时，本模块应适当减少视频子序列长度。当视频子序列中出现较少新目标时，本模块应适当增大视频序列长度。

➢ 在人员数量较多的EPFL数据集中：当场景出现大量目标时，随interval指标的增加，跟踪算法的MOTA指标呈现下降的趋势。当interval指标为1时，跟踪算法最佳MOTA指标为47.4。上述实验结果的原因在于该场景需跟踪算法具备更强的目标感知能力，此时减少视频子序列长度interval，可增加跟踪算法检测场景内新目标次数，加快跟踪算法创建目标轨迹的速度，降低跟踪算法的FN指标，减缓跟踪算法的漏跟问题。

➢ 在人员数量较少的MICC、UM数据集中：当场景内的目标较少时，随interval指标的增加，跟踪算法的MOTA指标呈现先上升后下降的趋势。在MICC和UM数据集中，interval的最佳取值分别为9和7，跟踪算法最佳MOTA指标分别为64.2和71.8。上述实验结果的原因在于该场景需跟踪算法具备更强的稳健性，此时增加视频子序列长度interval，可更好地利用孪生跟踪算法的稳定特性，降低跟踪算法的IDS指标，从而提升跟踪算法输出轨迹的完整程度。

表5-4 轨迹优化模块中不同视频子序列长度的多目标跟踪结果

数据集	Interval	MOTA ↑	MOTP ↑	FP ↓	FN ↓	IDS ↓	FM ↓	MT ↑	ML ↓
MICC	0	60.6	70.0	2262	2605	125	321	12	0
	1	61.4	69.9	2339	2502	47	354	13	0
	2	61.8	69.9	2299	2505	33	318	12	0
	3	62.3	69.9	2230	2517	24	275	13	0
	4	63.7	69.8	2151	2430	12	263	12	0
	5	63.7	69.8	2151	2430	12	263	13	0
	6	62.6	69.9	2181	2528	22	259	12	0
	7	62.1	69.9	2249	2538	17	269	12	0
	8	62.6	69.6	2150	2559	23	226	12	0
	9	64.2	69.8	2037	2477	18	227	12	0
	10	62.8	69.7	2150	2541	17	250	12	0
EPFL	0	46.7	76.2	546	1834	59	83	11	0
	1	47.4	76.2	564	1805	38	87	11	0
	2	46.6	75.9	566	1846	30	82	10	1
	3	46.9	75.5	542	1866	21	77	12	1
	4	45.4	75.6	560	1913	23	74	8	1
	5	45.6	75.2	543	1921	23	69	7	1
	6	42.8	75.1	566	2019	30	69	7	1
	7	42.8	74.8	581	2015	19	55	6	1
	8	42.1	75.1	576	2053	18	58	6	1
	9	42.4	74.6	584	2035	16	60	7	1
	10	39.3	75.3	614	2147	15	53	4	1

续表

数据集	Interval	MOTA ↑	MOTP ↑	FP ↓	FN ↓	IDS ↓	FM ↓	MT ↑	ML ↓
UM	0	70.2	72.1	2077	9397	343	507	9	1
	1	71.4	72.1	2195	9019	124	650	9	1
	2	71.6	72.4	2133	9049	83	419	9	1
	3	71.7	72.6	2105	9061	66	355	9	1
	4	71.7	72.6	2106	9076	57	336	9	1
	5	71.4	72.7	2110	9184	48	296	9	1
	6	71.4	72.8	2135	9169	44	276	9	1
	7	71.8	71.8	1985	9166	42	242	9	1
	8	71.6	72.7	2012	9206	39	240	9	1
	9	71.4	72.9	2030	9292	37	249	9	1
	10	70.9	72.9	2102	9406	34	235	9	1

综上所述，本文提出的轨迹优化模块在三个数据集上的MOTA指标均优于未使用本文提出的轨迹优化模块，即原始的逐帧检测。表明了本文提出的轨迹优化模块有利于提高跟踪精度和稳定性。

5.4.3.3　现有多目标跟踪算法的对比与分析

为验证本文提出的ADSiamMOT-RGBD算法的有效性，本文选取了Sort算法[83]、Deepsort算法[84]、IoU-tracker算法[85]、ADSiamMOT-RGB算法、SST算法[165]进行对比。本文分别在MICC、EPFL、UM三个数据集上进行测试，测试结果如表5-5（见文后，彩图后）所示。

根据表5-5（见文后）可以看出，本文提出的ADSiamMOT-RGBD在三个数据集上的MOTA指标均优于各对比跟踪算法。本文对所有对比跟踪算法的MOTA指标进行从高至低排序，排名为一的用红色表示，排名为二的用绿色表示，排名为三的用蓝色表示。具体分析如下：

● 在MICC数据集上：本文提出的算法的跟踪质量最佳，具有良好的稳定性。与ADSiamMOT-RGB算法、Sort算法相比，MOTA指标分别提升了3.1%、5.3%。其中，IDS指标和FN指标的下降说明本文所提的算法可有效减少目标ID切换的次数和漏跟的次数，提升了跟踪的稳定性。

● 在EPFL数据集上：本文提出的算法的跟踪质量最佳，具有良好的精度。与

ADSiamMOT-RGB算法、IoU-tracker算法相比，MOTA指标分别提升了0.4%、13.3%。其中，FN指标的下降说明本文所提的算法可减少算法的漏跟次数，提高跟踪的精度和稳定性。

- 在UM数据集上：本文提出的算法的跟踪质量最佳，具有良好的稳定性。与ADSiamMOT-RGB算法相比，MOTA指标和IDS指标基本持平，与Sort算法相比，MOTA指标提升了1.8%。其中，FN指标的下降表明本文所提算法可减少算法的漏跟次数，提高跟踪的精度和稳定性。

为获取本文所提算法的平均运算时间以及平均MOTA指标，本文在MICC、EPFL、UM三个数据集上测试，测试结果如表5-6所示。

表5-6 各跟踪算法的运算速度及平均精度测试结果

算法	数据集	FPS ↑	平均 FPS ↑	平均 MOTA ↑
Sort	MICC	20.98	23.12	57.40
	EPFL	26.48		
	UM	21.91		
DeepSort	MICC	13.08	16.33	56.00
	EPFL	19.21		
	UM	16.69		
IoU-tracker	MICC	59.16	49.29	48.06
	EPFL	24.12		
	UM	64.60		
SST	MICC	2.92	2.97	48.33
	EPFL	2.86		
	UM	3.13		
ADSiamMOT-RGB	MICC	2.72	5.47	60.40
	EPFL	6.65		
	UM	7.05		
ADSiamMOT-RGBD	MICC	2.64	4.70	61.13
	EPFL	5.93		
	UM	5.52		

根据表5-6，本文所提算法的平均MOTA指标为61.13，优于其他算法，满足本系统研究目标。但是，本文所提算法的运算速度较低，后续将进一步改进跟踪算法

中的检测模型和跟踪模型，降低算法的计算量。

综上所述，本文提出的算法在三个数据集上的测试结果表明本文所提算法可有效提升多目标跟踪算法的精度和稳定性。

5.5　本章小结

本章首先介绍了所提多目标跟踪算法的总体流程，随后分析了传统的多目标跟踪算法的问题与缺陷，并针对其问题与缺陷设计了轨迹生成模块和轨迹优化模块。所提多目标跟踪算法依据场景内的目标数量将RGB-D视频序列切分为长短不一的子序列，同时该模块根据时序上下文信息判断轨迹生成模块的轨迹类别，并抑制低质量轨迹的生成。最后，本章对所提算法中的关键模块进行了消融实验，以验证各关键模块为跟踪性能提升带来的贡献程度。同时，本章在MICC、EPFL、UM三个RGB-D数据集下对比所提算法与现有其他跟踪算法，验证了所提跟踪算法的有效性以及稳定性。实验结果表明，本章所提基于非对称孪生网络的多目标跟踪算法的跟踪质量优于现有的跟踪算法。

第6章
应用系统案例

6.1 基于RGB的密集人群场景的人脸检测系统

本文第3章详细介绍了基于RGB图像的密集人群场景的人脸检测系统，为了更好地验证本文所提算法对于低光照、小人脸、遮挡人脸条件下轻量、高效人脸检测模型的有效性，本部分利用PyQt5技术构建了一套面向复杂场景的人脸检测系统。

6.1.1 系统需求分析

该软件系统展示了基于双边滤波MSRCR的低光照图像增强人脸检测算法、基于全局上下文和视觉注意力的密集人脸检测算法，以及基于知识蒸馏的实时人脸检测算法，满足实际场景下的实验需求。系统采用简易图形界面，通过PyQt5实现数据读入和处理，支持数据集和实际场景的视频序列检测结果的展示，并考虑了跨平台兼容性，为未来移动端和服务端的部署奠定了基础。系统功能包括：

（1）自定义选择待检测的图像或视频；

（2）利用双边滤波MSRCR图像增强的低光照人脸检测算法，对用户选择的低光照人脸图像或视频序列进行检测，并展示检测中的可视化结果；

（3）使用基于全局上下文和视觉注意力的密集人脸检测算法，对用户选定的密集场景下的视频或图像序列进行处理，并展示检测结果；

（4）能够利用基于知识蒸馏的实时性人脸检测算法，对选定的图像或视频序列进行处理，并显示实时预测的检测结果。

6.1.2 系统架构设计与实现

6.1.2.1 系统开发环境

本系统采用Python语言进行编程，并使用PyQt5设计可视化界面，开发平台为Windows 10。开发环境详见表6-1。

表6-1 系统开发环境

硬件环境	软件环境
主机：惠普笔记本	开发工具：Microsoft VSCode，PyQt5
CPU：Intel core i7-7700HQ	编程语言：Python 3.6
内存：16.00GB	
系统版本：Windows 10 专业版 64 位	显卡型号：NVIDIA GeForce GTX1050Ti

6.1.2.2 系统模块设计

面向复杂场景的人脸检测系统的整体模型如图6-1所示，主要包括两个主模块，实际场景下的人脸检测模块和数据集下的人脸检测实验模块。其中，数据集下的人脸检测实验模块又分为三个子模块，分别为：低光照人脸检测模块、密集人脸检测模块和轻量化实时人脸检测模块。

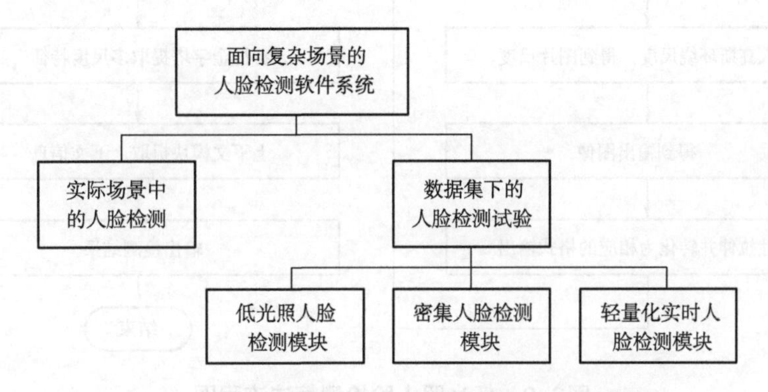

图6-1 面向复杂场景的人脸检测软件体系模型

1. 真实场景下的人脸检测模块

该模块主要利用本文提出的实时人脸检测方法，对在真实场景中拍摄的人脸检测视频进行检测，得到检测结果，并将其进行展示。

2. 数据集下的人脸检测实验模块

该模块包含三个子模块，分别对应本文第3章提出的基于RGB图像的人脸检测方法。

（1）低光照人脸检测模块。

该模块的功能类似于密集人脸检测和实时人脸检测模块，但不同之处在于其实现了第3.2节提出的基于Retinex图像增强的低光照人脸检测方法，并展示检测结果。图6-2展示了该模块的算法流程图，流程分为两部分：首先对输入图像进行MSRCR图像增强处理，然后将增强后的图像输入到检测网络中进行人脸检测。

（2）密集人脸检测模块。

该模块分为三个子模块：待检测图像的选择与展示模块、检测处理及结果展示模块和软件控制台模块。其中，控制台具备暂停、继续和退出三个功能。该模块的主要功能是供用户选择待处理的图像，并利用第3.3节提出的基于全局上下文和视觉注意力的密集人脸检测算法进行检测处理，最终展示检测结果。同时，系统还支持与其他人脸检测方法的对比。图6-3展示了该模块的算法流程图。

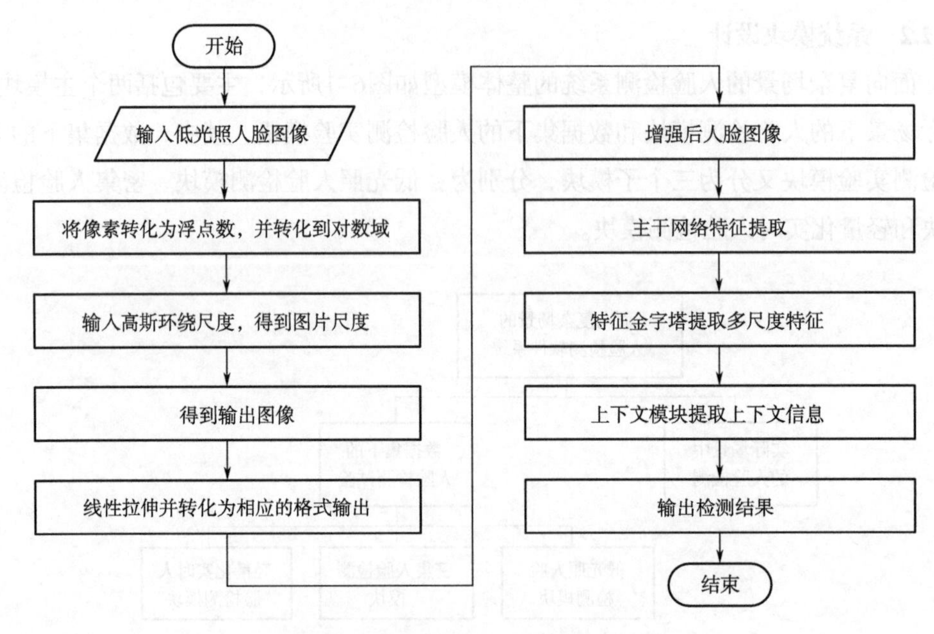

图6-2　低光照人脸检测算法流程图

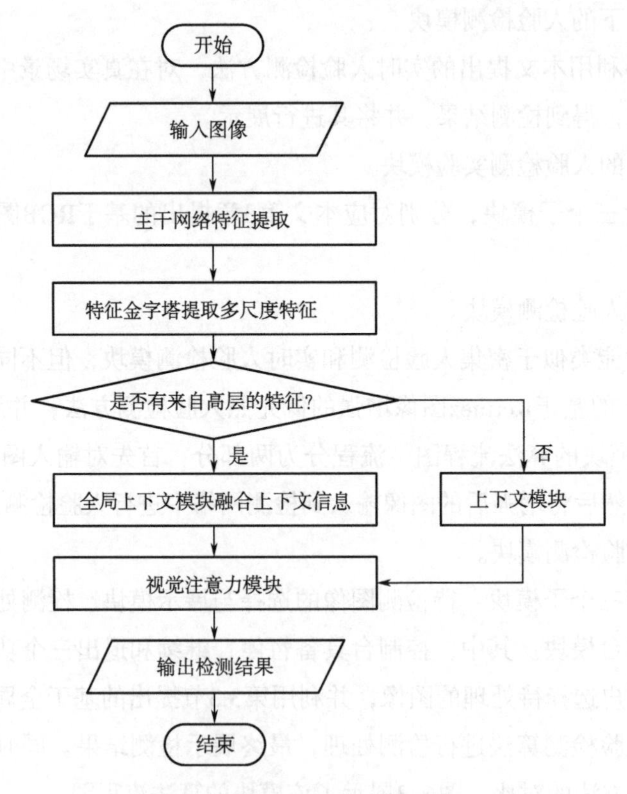

图6-3　密集人脸检测算法流程图

（3）轻量化实时人脸检测模块。

该软件模块的功能与密集人脸检测模块相似。用户可以选取待处理的图像序列，并使用第3.4节提出的基于知识蒸馏的实时人脸检测方法进行检测，展示检测结果及检测速度。图6-4展示了该模块的算法流程图。在实验过程中，主要采用训练得到的学生网络进行实时预测。

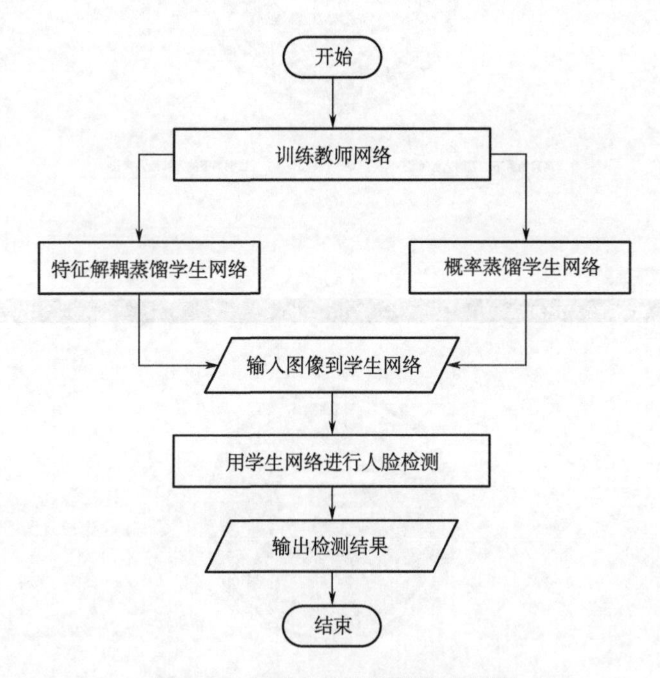

图6-4 实时人脸检测算法流程图

6.1.3 系统功能界面设计

实验测试内容主要分为两部分：真实场景中的人脸检测和数据集下的人脸检测实验。第一部分在实际拍摄的场景中测试人脸检测性能；第二部分包含三个子模块，分别对应本文提出的三种方法，即低光照人脸检测、密集人脸检测实验和实时人脸检测实验。如图6-5（a）所示，系统主界面提供了两个选项：用户可选择进入数据集下的人脸检测实验或实际场景下的人脸检测实验。其中，实际场景检测模块可处理真实场景的视频序列并实时输出检测结果；数据集检测实验包含三个子模块，见图6-5（b）：基于Retinex图像增强的低光照人脸检测模块、基于全局上下文和视觉注意力的密集人脸检测模块，以及基于知识蒸馏的实时人脸检测模块。通过这三个模块可以分别进行不同检测方法的对比实验。

（a）

（b）

图6-5　系统主界面

6.1.3.1　低光照人脸检测模块

低光照人脸检测模块的主要功能是通过简单的界面交互，让用户利用第3.2节提出的基于Retinex图像增强的人脸检测算法，对低光照条件下的视频或图像序列进行增强后再执行人脸检测，并展示检测结果。该模块的初始化界面如图6-6所示，界面主要包含待处理数据与检测结果展示框、数据选择控制台、方法选择控制台、数据处理控制台和总控制台。与密集人脸检测和实时人脸检测模块的功能类似，用户可在方法选择控制台选择图像增强方法，包括SSR算法和本文提出的双边滤波MSRCR算法，以适应不同的低光照条件。

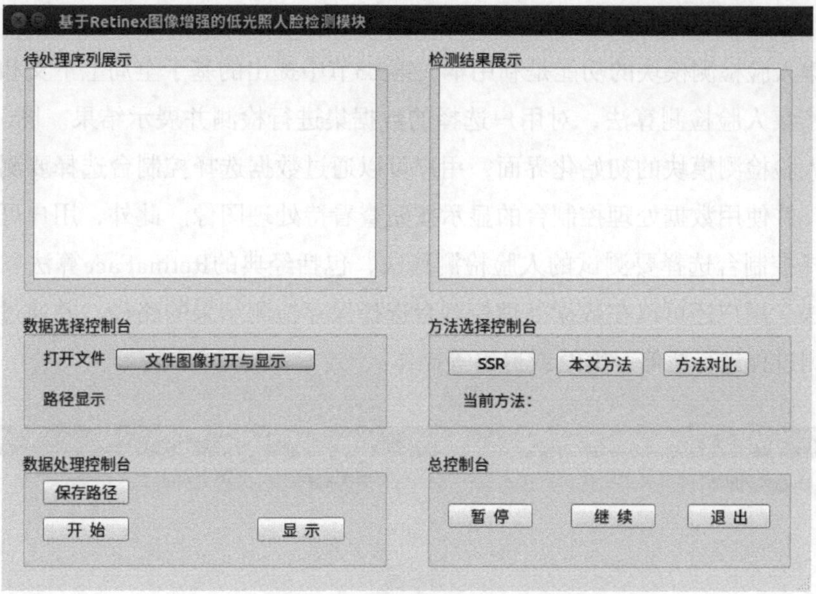

图6-6 低光照人脸检测模块的初始化界面

图6-7展示了本文算法在DARK FACE数据集上的实验结果。通过检测结果可以看出，所提出的图像增强算法显著提升了图像的亮度和对比度，同时在色彩恢复和人脸边缘的处理上也表现出色，从而进一步提高了人脸检测的效果。

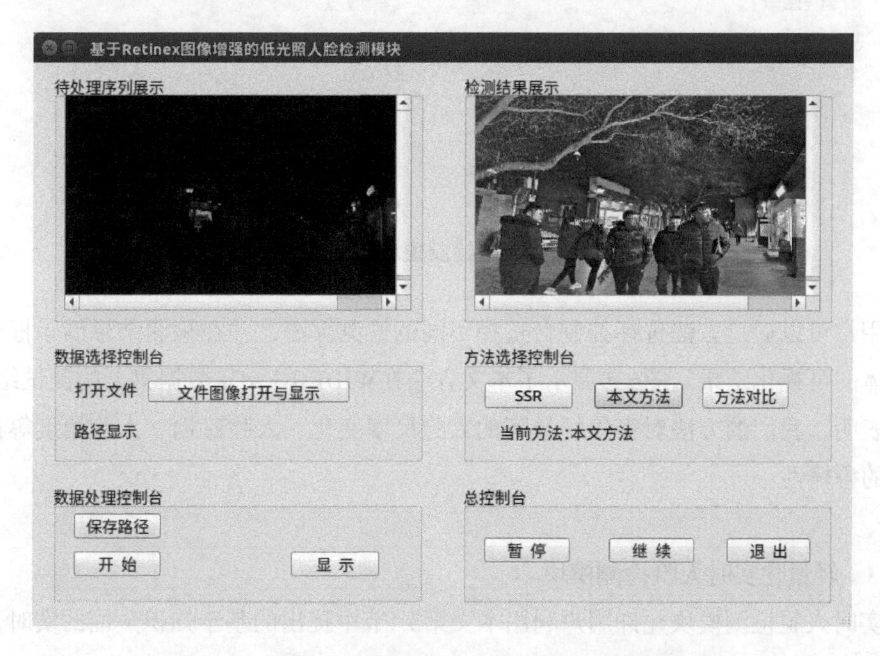

图6-7 DARK FACE数据集上的人脸检测结果展示

6.1.3.2 密集人脸检测模块测试

密集人脸检测模块的功能是利用本文第3.3节中提出的基于全局上下文和视觉注意力的密集人脸检测算法，对用户选择的数据集进行检测并展示结果。图6–8展示了密集人脸检测模块的初始化界面，用户可以通过数据选择控制台选择要测试的人脸图像，并使用数据处理控制台的显示按钮查看待处理图像。此外，用户可以通过方法选择控制台选择要测试的人脸检测算法，包括经典的RetinaFace算法和本文提出的算法。用户还可以在数据处理控制台选择保存检测结果的路径，并通过总控制台对检测过程进行暂停、继续或退出等操作。

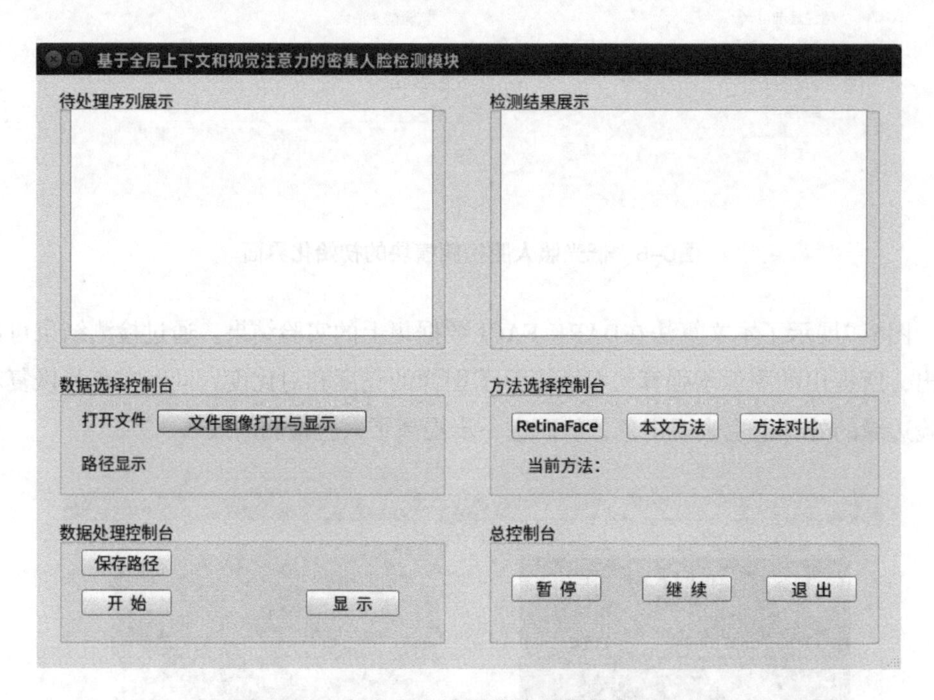

图6–8 密集人脸检测模块的初始化界面

用户可以通过方法选择控制台选择不同的检测算法，并在检测结果展示框中看到具体的可视化结果。图6–9展示了本文方法在WIDER FACE数据集上的测试结果。结果表明，我们的方法对密集场景下的人脸尺度变化、人脸遮挡、人脸角度等都有较强的鲁棒性。

6.1.3.3 轻量化实时人脸检测模块

实时人脸检测模块允许用户利用本文第3.4节中提出的基于知识蒸馏的实时人脸检测算法，对所选择的视频或图像序列进行人脸检测并展示结果。图6–10展示了该模块的初始化界面，该界面包括四个模块：数据选择模块、方法选择模块、数据处理模块和总控制台。在待处理数据展示框中，用户可以可视化查看所选图像序列，而检测结果显示框则动态展示相应的检测结果。

基于全局上下文和视觉注意力的密集人脸检测模块
待处理序列展示
检测结果展示
数据选择控制台
打开文件
文件图像打开与显示
路径显示
方法选择控制台
RetinaFace
本文方法
方法对比
当前方法:本文方法
数据处理控制台
保存路径
开 始
显 示
总控制台
暂 停
继 续
退 出

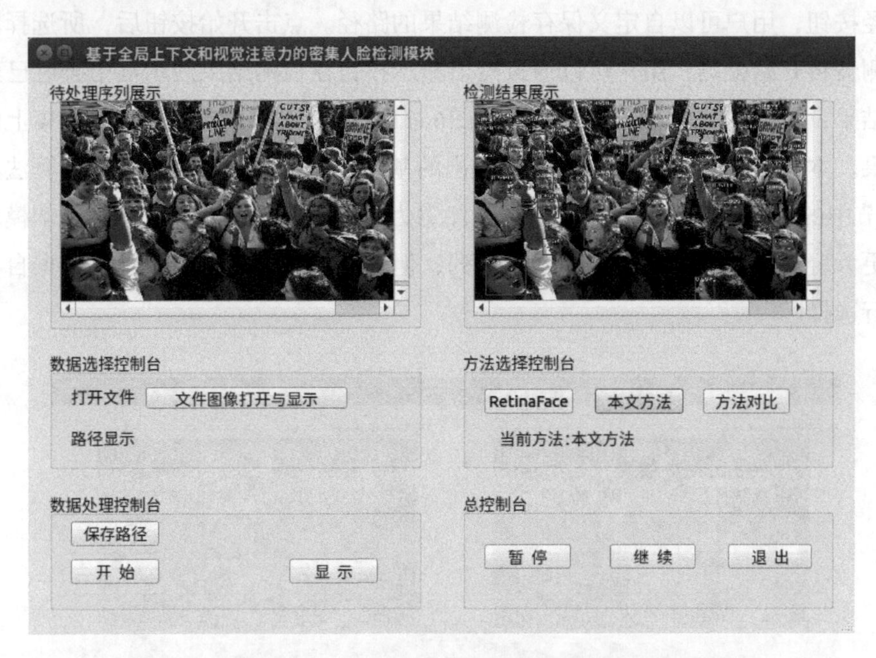

图6-9 WIDER FACE数据集上的密集人脸检测结果展示

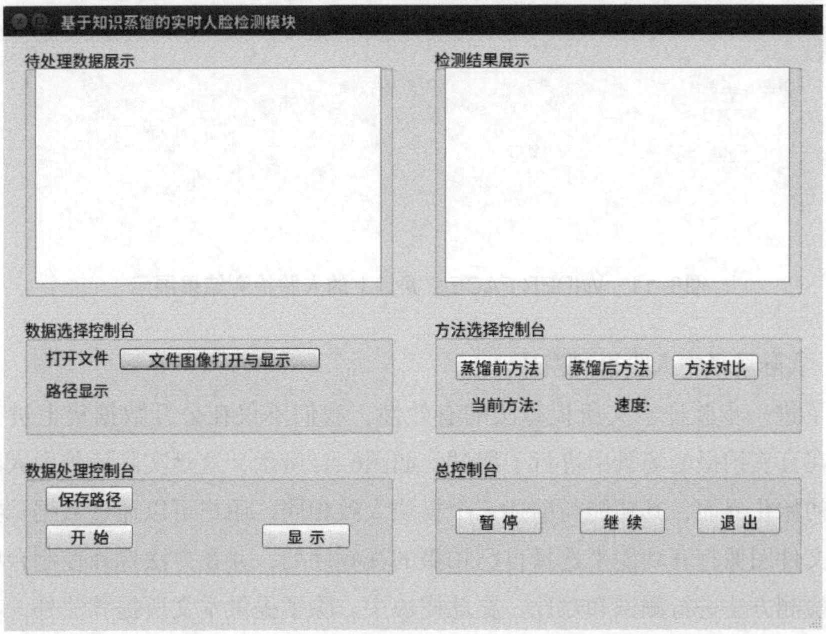

基于知识蒸馏的实时人脸检测模块
待处理数据展示
检测结果展示
数据选择控制台
打开文件
文件图像打开与显示
路径显示
方法选择控制台
蒸馏前方法
蒸馏后方法
方法对比
当前方法:
速度:
数据处理控制台
保存路径
开 始
显 示
总控制台
暂 停
继 续
退 出

图6-10 实时人脸检测模块的初始化界面

用户可以在数据选择控制台中打开要处理的视频或图像序列，并在方法选择控制台中选择蒸馏前或蒸馏后的检测方法进行比较。通过点击数据处理控制台中的保存路径按钮，用户可以自定义保存检测结果的路径。点击开始按钮后，所选择的人脸检测器将开始检测，用户可以通过点击显示按钮在检测结果展示框中查看已经处理的结果，包括原图像和人脸检测框。图6-11展示了在WIDER FACE数据集上的检测结果。本模块采用的是本文第3.4节提出的基于知识蒸馏的实时人脸检测算法。与第3.3节中的基于全局上下文融合与视觉注意力的密集人脸检测算法不同，本模块的模型更为轻量化，能够实时处理视频序列，但性能相对逊色，用户可以根据自身需求进行选择。

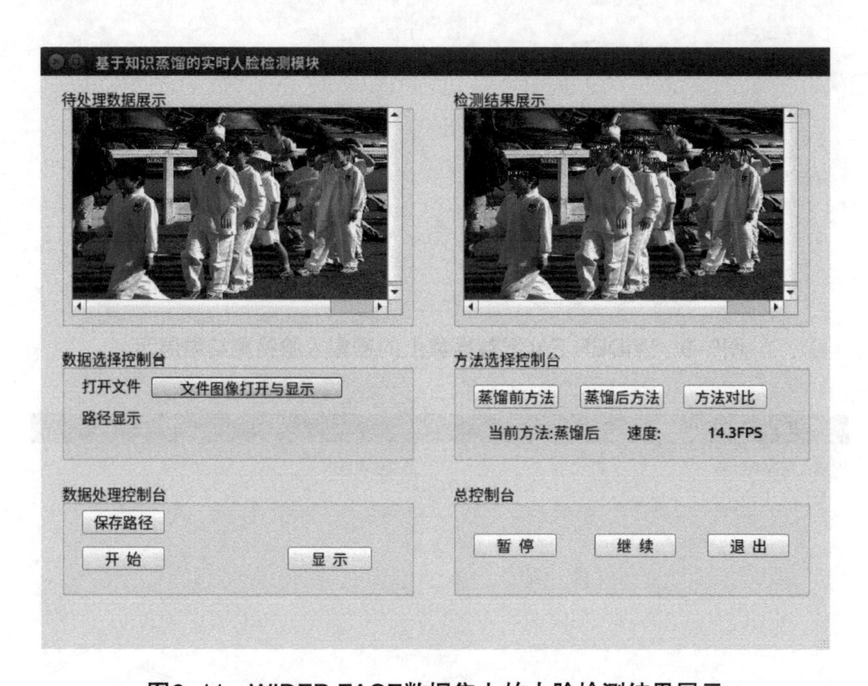

图6-11 WIDER FACE数据集上的人脸检测结果展示

6.1.3.4 实际场景中人脸检测模块

为了进一步验证本文所提算法的有效性，我们不仅在公开数据集上进行了测试，还在真实拍摄的场景中进行了测试。如图6-12所示，这是实际场景中人脸检测模块的初始化界面，其功能与前述三个模块大致相同。用户可以通过数据选择控制台中的文件图像打开功能来选择自己拍摄的视频序列，并在方法选择控制台中选择不同的检测方法进行测试和对比。在此模块中，除了提供本文所提算法外，我们还提供了在工程中常用的MTCNN人脸检测算法。此外，用户还可以通过数据处理控制台选择保存路径，并通过总控制台实现暂停、继续等功能。

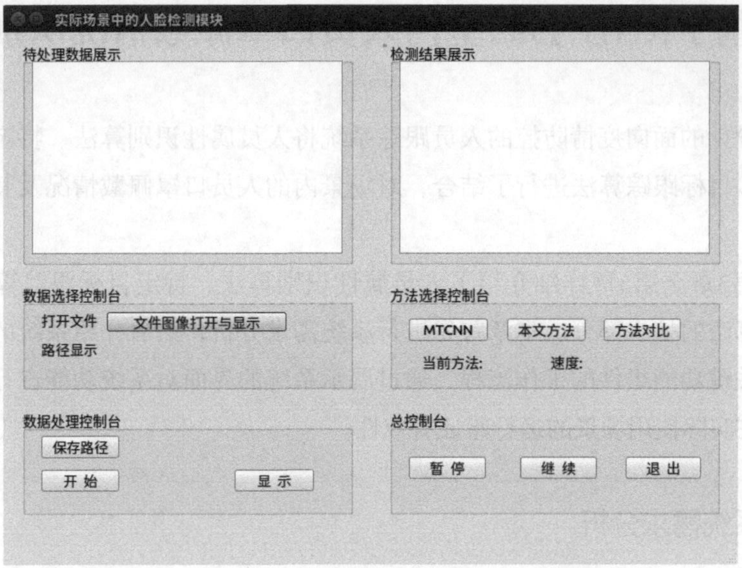

图6-12 实际场景中人脸检测模块的初始化界面

图6-13展示了我们选取的一段在北京地铁高峰时期拍摄的视频的人脸检测结果。该视频中的人流量非常密集，背景也较为杂乱。从图中可以看出，我们的方法在复杂条件下的人脸检测中表现出色。无论是模糊、遮挡的人脸，还是各种尺度的人脸，我们的检测器都能精确地识别出来。这进一步验证了本文所提方法的有效性，并显示出其良好的应用价值。

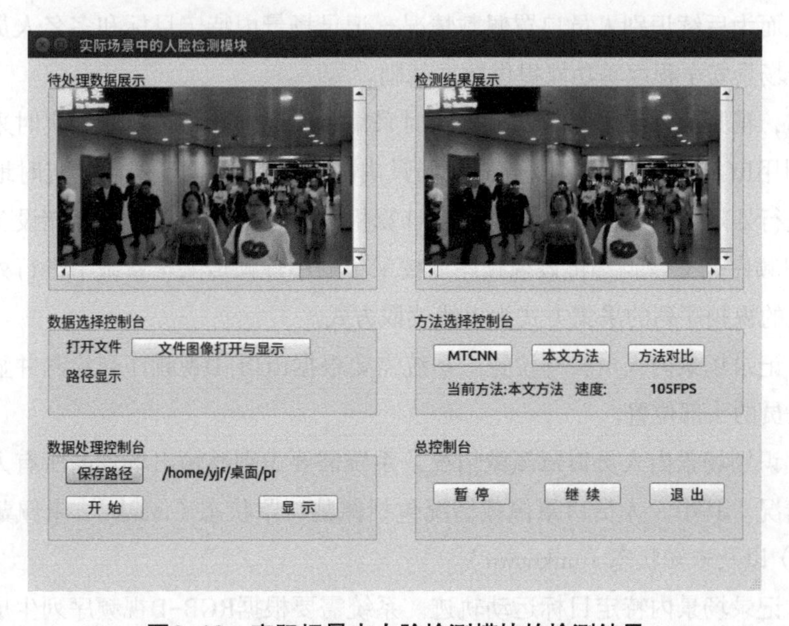

图6-13 实际场景中人脸检测模块的检测结果

6.2 基于RGB-D的室内人员口罩佩戴情况识别系统

本文设计的面向疫情防控的人员跟踪系统将人员属性识别算法、特定目标跟踪算法以及多目标跟踪算法进行了结合，对场景内的人员口罩佩戴情况及其运动轨迹进行统计。

本文第3章至第5章详细介绍了人员属性识别算法、特定目标跟踪算法以及多目标跟踪算法的核心部分。本章首先进行系统需求分析，然后介绍系统的开发环境及系统各关键功能组件的工作流程，通过展示系统的界面对系统功能进行介绍；最后，通过在实际使用场景的运行验证有效性。

6.2.1 系统需求分析

系统需求分析指系统设计开发人员通过深入的调查，分析用户的实际使用需求，从而确定系统的功能、性能、操作流程等各方面的具体要求，并将上述具体要求细化，形成完整且具体的需求定义。本节总结并整理了面向疫情防控的人员跟踪系统的功能需求和性能需求。

6.2.1.1 功能需求

（1）读取RGB-D视频序列。系统需要获取场景的RGB-D视频序列作为系统数据输入，从而为后续识别人员口罩佩戴情况、记录场景内特定目标和多名人员运动轨迹、分析场景安全程度等功能提供数据基础。

目前，视频序列的采集方式分为实时采集和离线读取两种方式。实时采集指系统直接利用RGB-D数据采集设备捕获场景内的RGB-D视频序列，并实时地传入至系统中进行处理。离线读取则指系统从计算机内部存储设备或外接存储设备中读取RGB-D视频序列文件，并将该视频序列按采集顺序逐帧传入至系统中进行处理。本文现阶段的视频序列的采集方式为离线读取方式。

（2）记录场景内人员头部位置。系统需要根据RGB-D视频序列检测并显示场景内所有人员的头部位置。

（3）识别场景内人员口罩佩戴情况。系统需要识别并输出场景内所有人员的口罩佩戴情况。其中，人员口罩佩戴情况包括佩戴口罩状态（mask）、未佩戴口罩状态（face）以及未知状态（unknown）。

（4）记录场景内特定目标运动轨迹。系统需要根据RGB-D视频序列生成并显示场景内特定目标的运动轨迹。

（5）记录场景内所有人员头部运动轨迹。系统需要根据RGB-D视频序列生成并显示场景内所有人员头部运动轨迹。

（6）分析场景的安全程度。系统需要根据RGB-D视频序列分析并显示当前场景的安全程度。其中，场景的安全程度评判标准如表6-3所示。

6.2.1.2 性能需求

（1）准确性。系统需要准确的定位场景内的人员头部位置、分析人员口罩的佩戴情况、记录人员头部运动轨迹，避免系统输出错误的检测结果和识别结果。

（2）可靠性。系统需要在多场景下稳定应用，在低光照强度、人群密集等场景下均能稳定运行并输出较为准确的结果。

（3）易操作性。系统的界面应简洁直观，方便使用人员理解使用系统中的各个功能组件。

（4）强拓展性。系统应具备可拓展接口，可快速集成整合因智慧建筑快速发展产生的新需求，例如人员异常行为识别、入侵者检测等需求。

6.2.2 系统架构设计与实现

6.2.2.1 系统开发环境

本文所述系统采用Python语言编程实现，计算机操作系统为Ubuntu18.04，使用的计算机环境如表6-2所示。

表6-2 系统开发所需计算机环境信息

硬件环境	软件环境
CPU: Intel（R） Core（TM）i7-10700K	开发工具：Microsoft VSCode，
内存：64.00GB	程序语言：Python 3.6
系统类型：Ubuntu 18.04	深度学习框架：PyTorch 1.7
显卡型号：NVIDIA Geforce GTX 3090	

6.2.2.2 系统功能架构

本文所述系统的功能架构如图6-14所示，该系统主要包括RGB-D视频序列输入、人员头部检测、人员口罩佩戴情况识别、指定人员头部运动轨迹记录、所有人员头部运动轨迹记录、人员数量统计以及场景安全程度分析等功能。

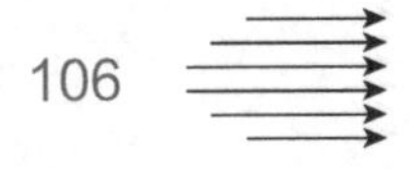

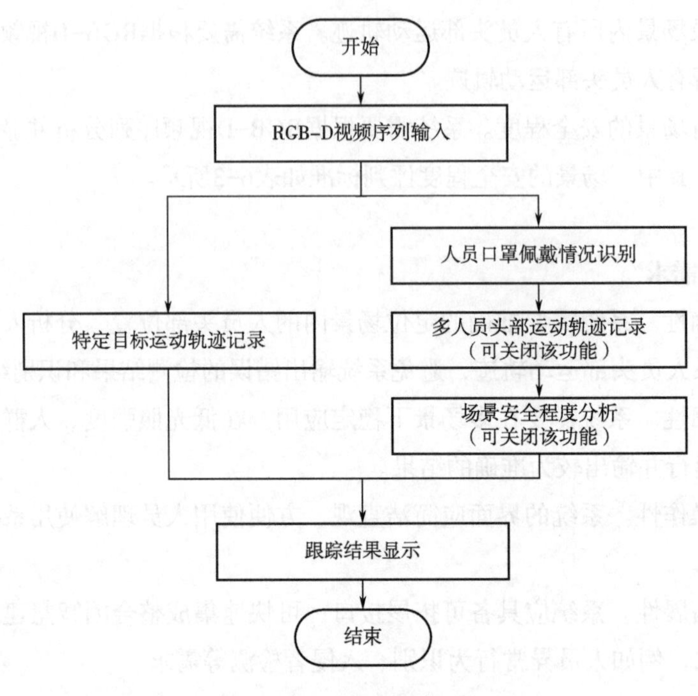

图6-14　系统功能架构

6.2.2.3　系统模块设计

本文所述系统由五大模块组成，这些模块分别是：RGB-D视频输入模块、人员口罩佩戴情况识别模块、特定目标跟踪模块、多目标跟踪模块、场景安全程度分析模块。本文所述系统的各部分模块如图6-15所示。

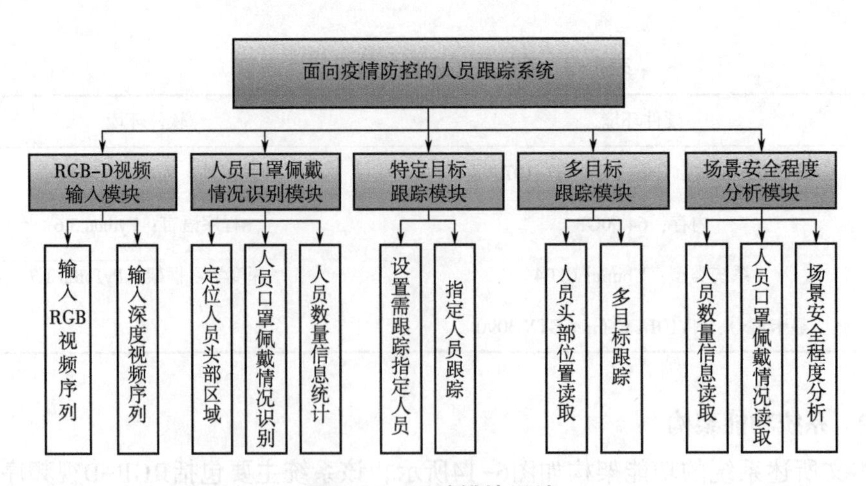

图6-15　系统模块设计

（1）RGB-D视频输入模块。本模块用于读取场景内的RGB-D视频序列。首先，本模块获取用户选定的RGB-D视频序列文件路径，随后，本模块判断文件路径是否正确。若文件路径正确，则逐帧读取RGB-D视频序列文件；若文件路径错误，则提示用户重新确认RGB-D视频序列文件路径。RGB-D视频输入模块的工作流程如图6-16所示。

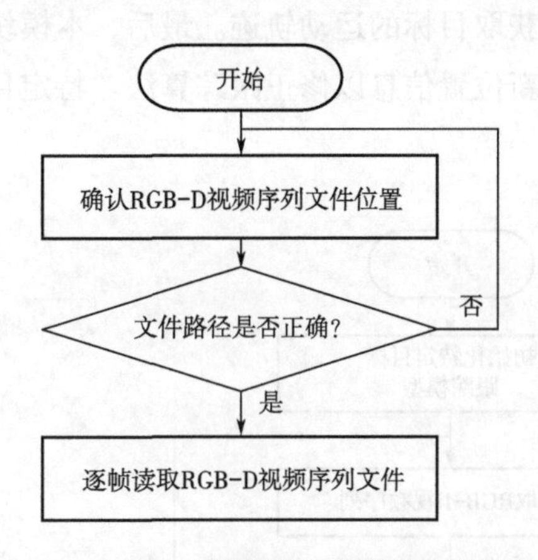

图6-16 RGB-D视频输入模块的工作流程

（2）人员口罩佩戴情况识别模块。本模块用于检测场景内人员头部位置并判断其是否佩戴口罩。首先，本模块获取经RGB-D视频输入模块读取的RGB-D视频序列。随后，本模块将RGB-D视频序列输入至人员头部检测模型中进行前向推理，获取人员头部区域。然后，本模块根据人员头部位置裁切RGB图像，并将裁切后的RGB图像输入至口罩佩戴情况识别模型中进行前向推理，以获取人员口罩佩戴情况。人员口罩佩戴情况识别模块的工作流程如图6-17所示。

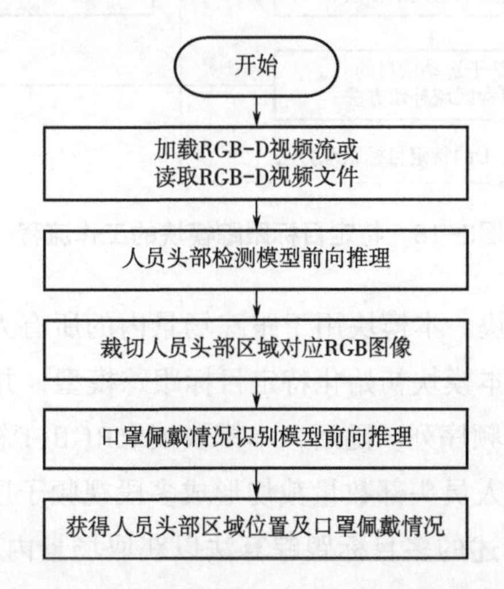

图6-17 人员口罩佩戴情况识别模块的工作流程

（3）特定目标跟踪模块。本模块用于跟踪用户设置的特定目标，同时输出该目标运动轨迹。首先，本模块初始化特定目标跟踪模型，并获取经RGB-D视频输入模块读取的RGB-D视频序列。随后，本模块逐帧读取RGB-D视频序列，并判断是否需要设置特定目标。若用户设置了跟踪目标，则将特定目标的信息输入至第四章所述的特定目标跟踪算法以获取目标的运动轨迹。最后，本模块显示特定目标的运动轨迹，同时更新目标的最新位置信息以修正跟踪算法。特定目标跟踪模块的工作流程如图6-18所示。

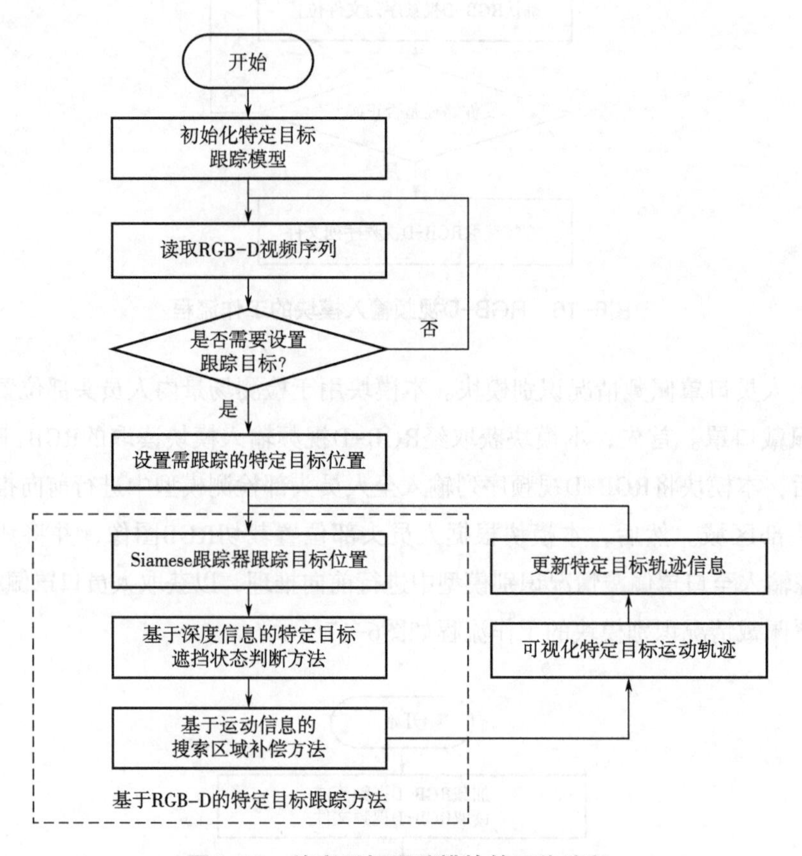

图6-18 特定目标跟踪模块的工作流程

（4）多目标跟踪模块。本模块用于跟踪场景内的所有人员，同时输出所有人员的运动轨迹。首先，本模块初始化特定目标跟踪模型，并获取经RGB-D视频输入模块读取的RGB-D视频序列。随后，本模块读取RGB-D视频序列和人员头部位置。然后，本模块根据人员头部数量裁切形成多段视频子序列，接着将这些视频子序列输入至第五章所述的多目标跟踪算法以获取场景内所有人员的运动轨迹。最后，本模块显示并更新所有人员的运动轨迹。多目标跟踪模块的工作流程如图6-19所示。

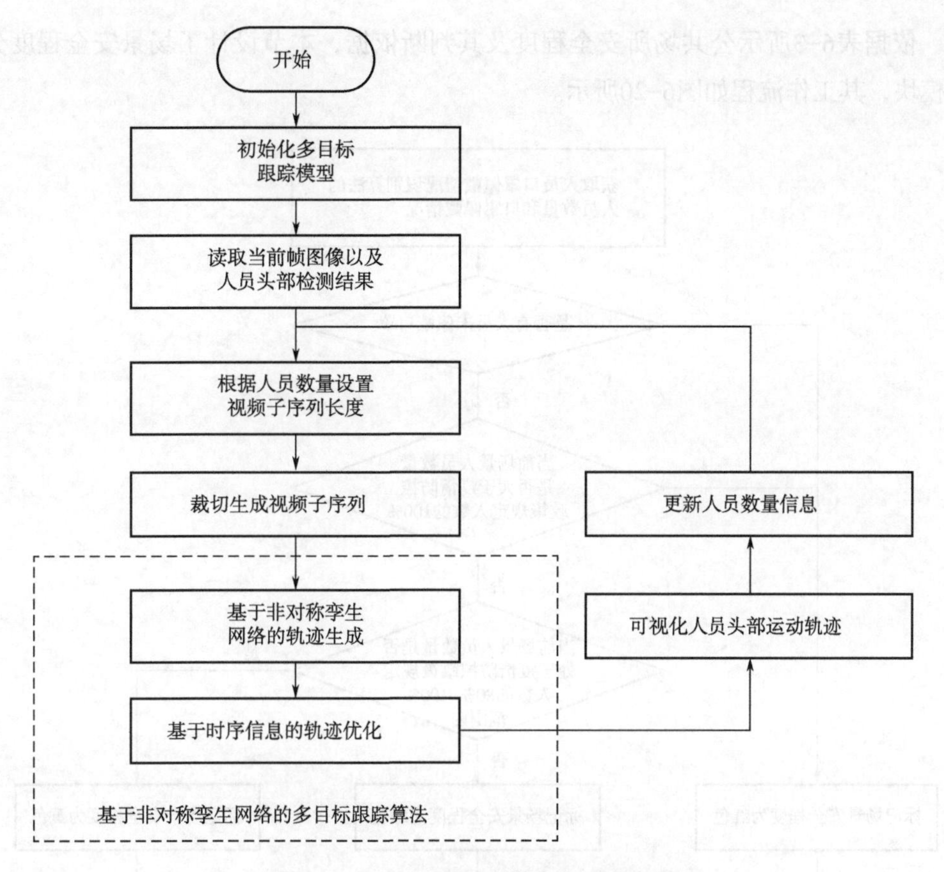

图6-19 多目标跟踪模块的工作流程

（5）场景安全程度分析模块。假设根据某市疫情防控政策，室内公共场所按75%限流向公众开放，防止人员拥挤，同时这些公共场所还需严格落实人员体温测量、检查人员是否佩戴口罩、通风消毒、设置“一米线”等常态化防控措施。

在上述疫情防控政策中，公共场所的人员数量和人员佩戴口罩情况是实时变化的。当所有公共场所的人员符合疫情防控政策时，此时公共场所是安全可靠的。否则，公共场所存在疫情传播的风险。依据疫情防控政策，本文列举了公共场所安全程度及其判断依据，具体如表6-3所示。

表6-3 公共场所安全程度及其判断依据

场所安全程度	判断依据
绿色	人员数量小于疫情防控政策规定人数的 80%，并且场所内所有人员均佩戴口罩
黄色	人员数量处于疫情防控政策规定人数的 80%~100% 范围内，并且场所内所有人员均佩戴口罩
红色	人员数量大于疫情防控政策规定人数的 100%，或场所内有人员未佩戴口罩

依据表6-3所示公共场所安全程度及其判断依据，本节设计了场景安全程度分析模块，其工作流程如图6-20所示。

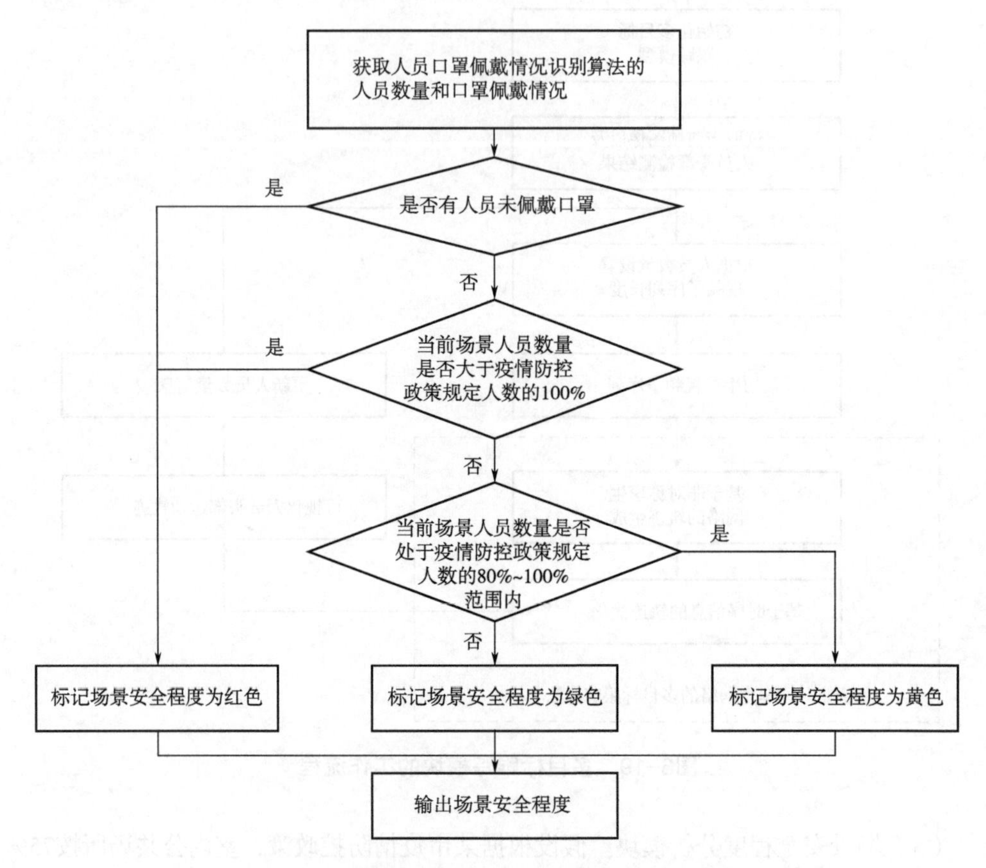

图6-20　场景安全程度分析模块工作流程图

首先，本模块读取当前时刻场景内人员数量及口罩佩戴情况，随后分析场景的安全程度。具体的，当场景内聚集过多人员或部分人员未按照防疫要求佩戴口罩时，本模块将给予“红色”高风险信号。当场景内聚集人员数量处于规定人数80%~100%时，本模块给予“黄色”低风险信号。当场景符合疫情防控常态化管理办法时，本模块将给予“绿色”安全信号。最后，本模块将风险信号实时显示在可视化界面中。场景安全程度分析模块的工作流程如图6-21所示。

6.2.3　系统功能界面设计

本节展示面向疫情防控的人员跟踪系统界面及各子系统界面。其中，本系统共有三个子系统，分别是人员口罩佩戴情况识别子系统、特定目标跟踪子系统以及多目标跟踪子系统。

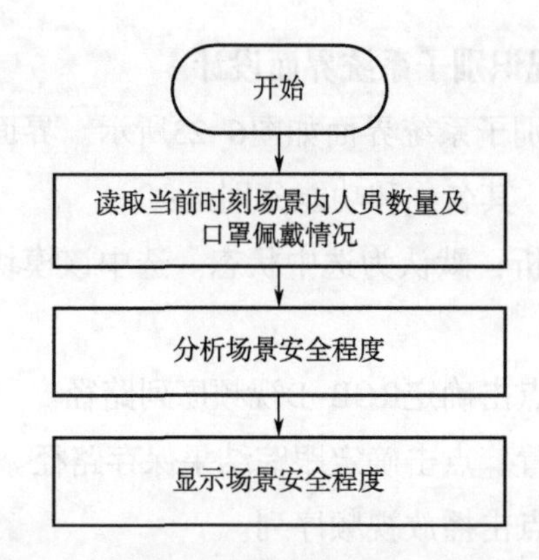

图6-21　场景安全程度分析模块的工作流程

6.2.3.1　系统主界面设计

系统主界面如图6-22所示，界面中央纵向设置了四个功能按钮，其名称和功能分别是：

（1）人员口罩佩戴情况识别：单击进入人员口罩佩戴情况识别子系统。

（2）特定目标跟踪：单击进入特定目标跟踪子系统。

（3）多目标跟踪：单击进入多目标跟踪子系统。

（4）关闭系统：单击关闭系统。

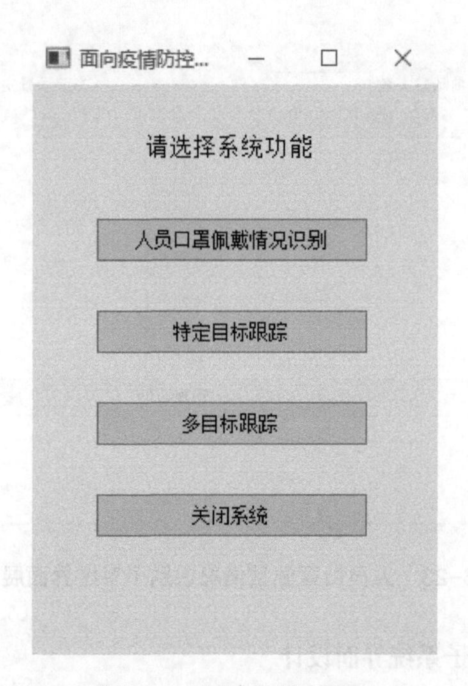

图6-22　系统主界面展示

6.2.3.2 人员口罩佩戴情况识别子系统界面设计

人员口罩佩戴情况识别子系统界面如图6-23所示。界面左侧纵向设置了七个功能按钮和一个功能复选框，其名称和功能分别是：

（1）场景安全程度分析：默认为选中状态。选中该模块后，系统将开启场景安全程度分析功能。

（2）选择视频序列：点击确定RGB-D视频序列路径。

（3）选择结果保存位置：点击确定跟踪结果保存路径。

（4）启动视频序列：点击播放视频序列。

（5）暂停视频序列：点击暂停视频序列。

（6）开始识别：点击开始识别场景内人员口罩佩戴情况。

（7）暂停识别：点击暂停识别场景内人员口罩佩戴情况。

（8）关闭系统：点击关闭系统。

界面右侧上方设置当前场景人数显示框和当前场景安全程度显示框，用于实时显示人数信息和安全程度信息。界面右侧中部平行设置RGB图像预览框和Depth图像预览框，用于实时显示视频序列识别结果。界面右侧下方设置识别结果显示框，用于实时更新视频序列读取信息和识别结果信息。

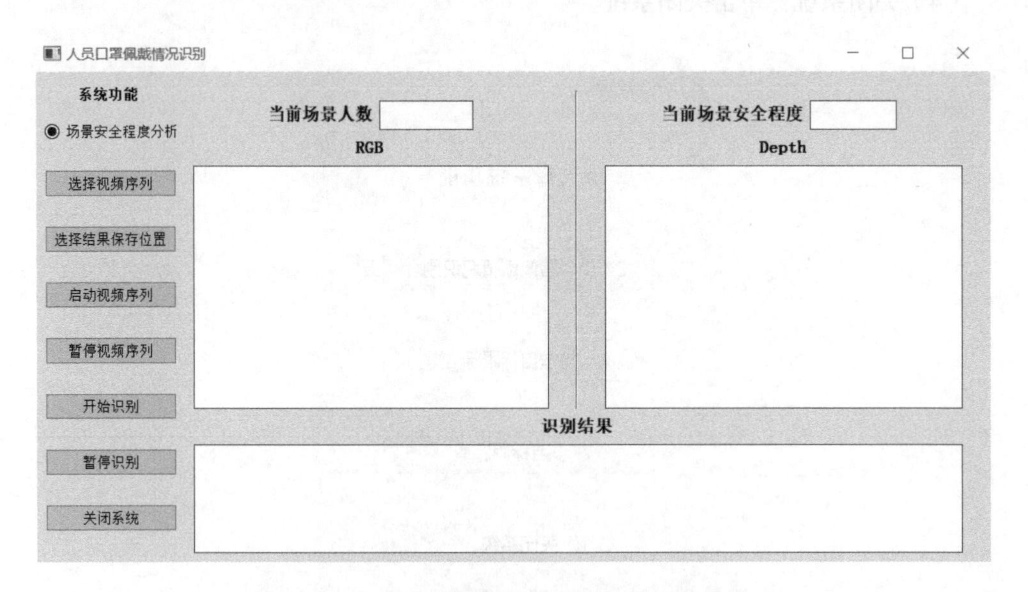

图6-23 人员口罩佩戴情况识别子系统界面展示

6.2.3.3 特定目标跟踪子系统界面设计

特定目标跟踪子系统界面如图6-24所示。界面左侧纵向设置了七个功能按钮，其名称和功能分别是：

（1）选择视频序列：单击确定RGB-D视频序列路径。

（2）选择结果保存位置：单击确定跟踪结果保存路径。

（3）启动视频序列：单击播放视频序列。

（4）暂停视频序列：单击暂停视频序列。

（5）开始跟踪：单击开始跟踪特定目标。

（6）结束跟踪：单击结束跟踪特定目标。

（7）关闭系统：单击关闭系统。

界面右侧上方平行设置RGB图像预览框和Depth图像预览框，用于实时显示视频序列跟踪结果。界面右侧下方设置跟踪结果显示框，用于实时更新视频序列读取信息和跟踪结果信息。

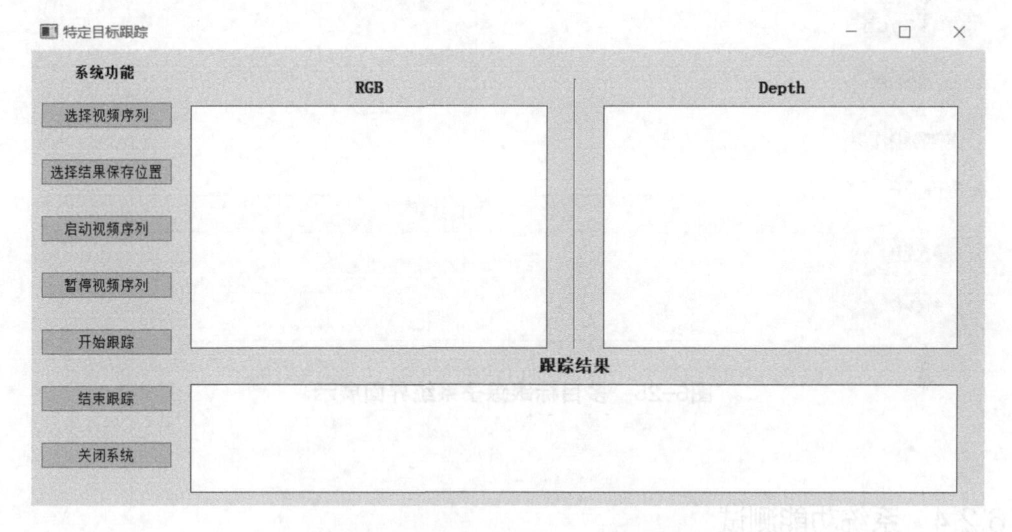

图6-24　特定目标跟踪子系统界面展示

6.2.3.4　多目标跟踪子系统界面设计

多目标跟踪子系统界面如图6-25所示。界面左侧纵向设置了七个功能按钮和一个功能复选框，其名称和功能分别是：

（1）场景安全程度分析：默认为选中状态。选中该模块后，系统将开启场景安全程度分析功能。

（2）选择视频序列：点击确定视频序列路径。

（3）选择结果保存位置：点击确定保存路径。

（4）启动视频序列：点击播放视频序列。

（5）暂停视频序列：点击暂停视频序列。

（6）开始跟踪：点击开始跟踪场景内所有人员。

（7）暂停跟踪：点击暂停识别场景内所有人员。

（8）关闭系统：点击关闭系统。

界面右侧上方设置当前场景人数显示框和当前场景安全程度显示框，用于实时显示人数信息和安全程度信息。界面右侧中部平行设置RGB图像预览框和Depth图像预览框，用于实时显示视频序列识别结果。界面右侧下方设置识别结果显示框，用于实时更新视频序列读取信息和识别结果信息。

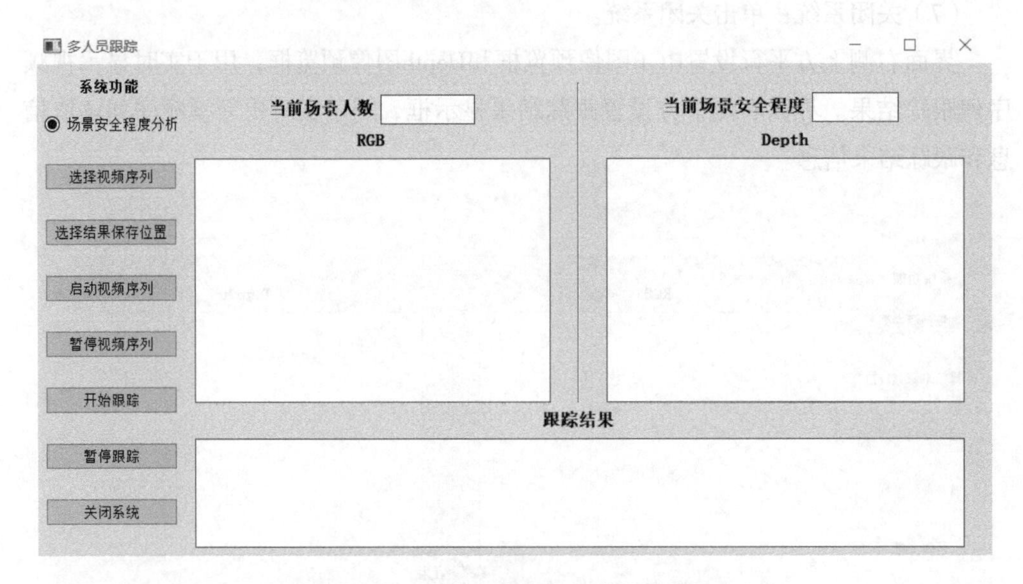

图6-25　多目标跟踪子系统界面展示

6.2.4　系统功能测试

本节展示面向疫情防控的人员跟踪系统及各子系统功能。因各子系统部分功能重合，所以本节的测试项目将精简为视频序列选择功能、结果保存位置选择功能、视频序列播放暂停功能、场景安全程度分析功能、人员口罩佩戴情况识别功能、特定目标跟踪功能以及多目标跟踪功能。

6.2.4.1　视频序列选择功能测试

本功能需要用户在弹出的窗口中选择并确定RGB-D视频序列位置，随后系统界面应显示RGB-D视频序列图像。经模拟测试，本功能可正常工作，选择RGB-D视频序列和测试结果如图6-26和图6-27所示。

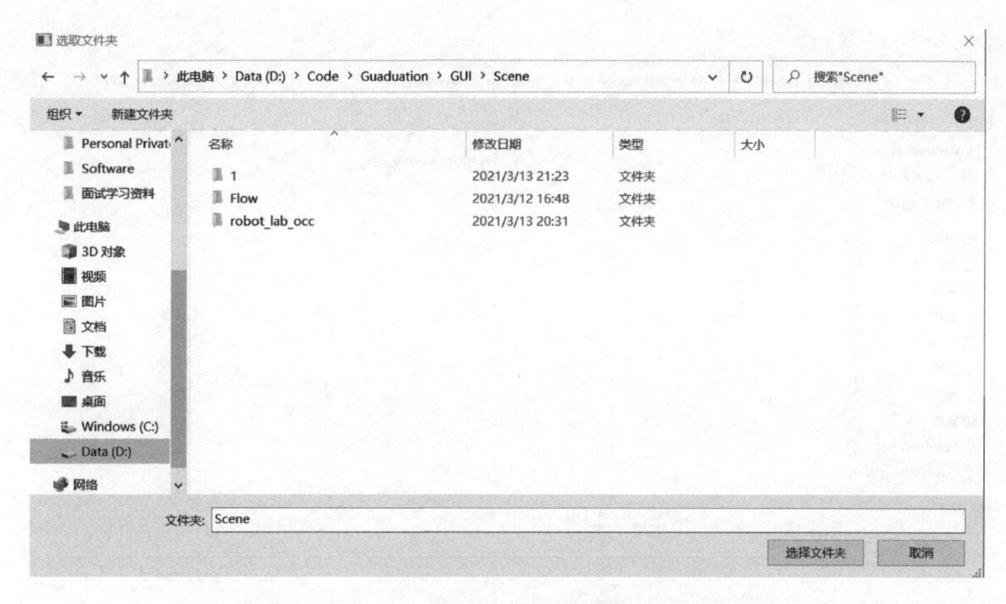

图6-26　RGB-D视频序列路径选择功能测试结果

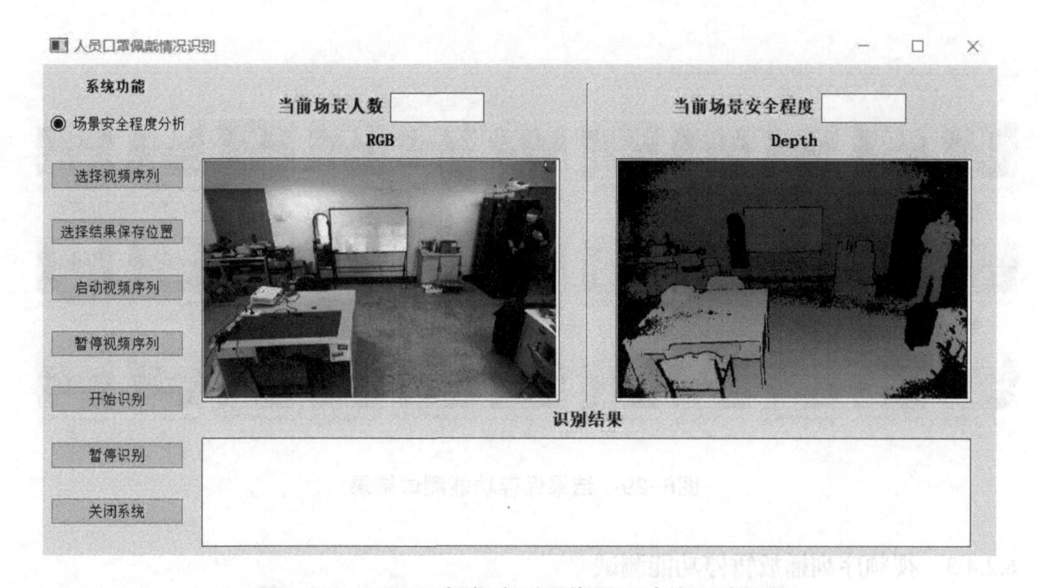

图6-27　RGB-D视频序列图像显示功能测试结果

6.2.4.2　结果保存位置选择功能测试

本功能需要用户在弹出的窗口中选择并确定识别或跟踪结果的保存位置，随后系统的分析结果应以图像形式进行保存。经模拟测试，本功能可正常工作，测试结果如图6-28和图6-29所示。

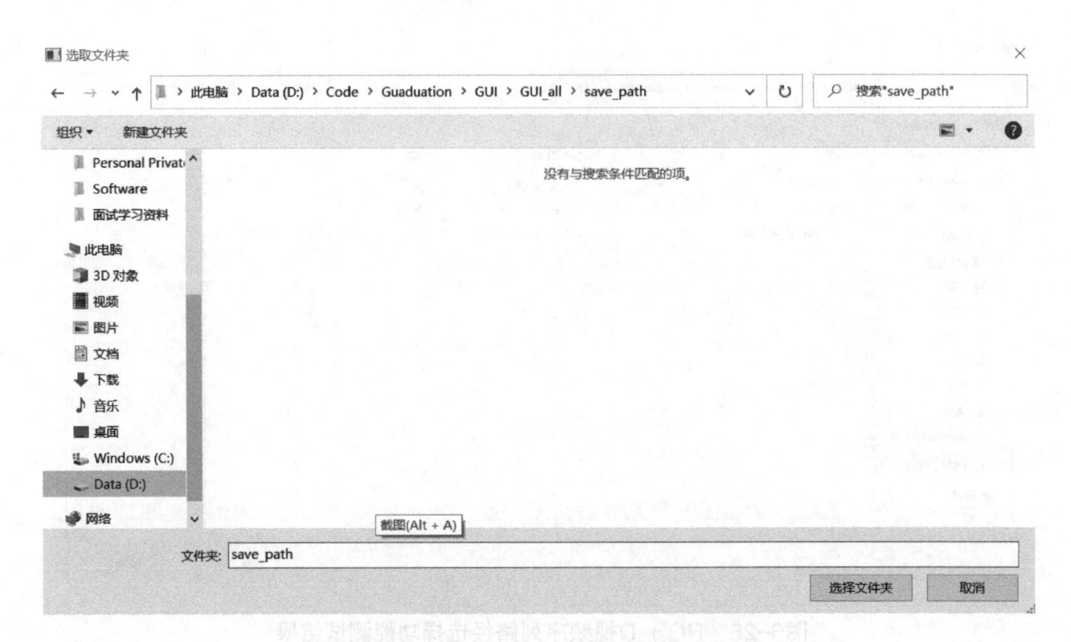

图6-28　结果保存路径选择功能测试结果

图6-29　结果保存功能测试结果

6.2.4.3　视频序列播放暂停功能测试

本功能需要用户点击系统左侧“启动视频序列”或“暂停视频序列”按钮，随后系统开始播放或暂停播放视频序列，并在系统下方跟踪结果框内显示当前播放进度及状态。经模拟测试，本功能可正常工作，测试结果如图6-30所示。

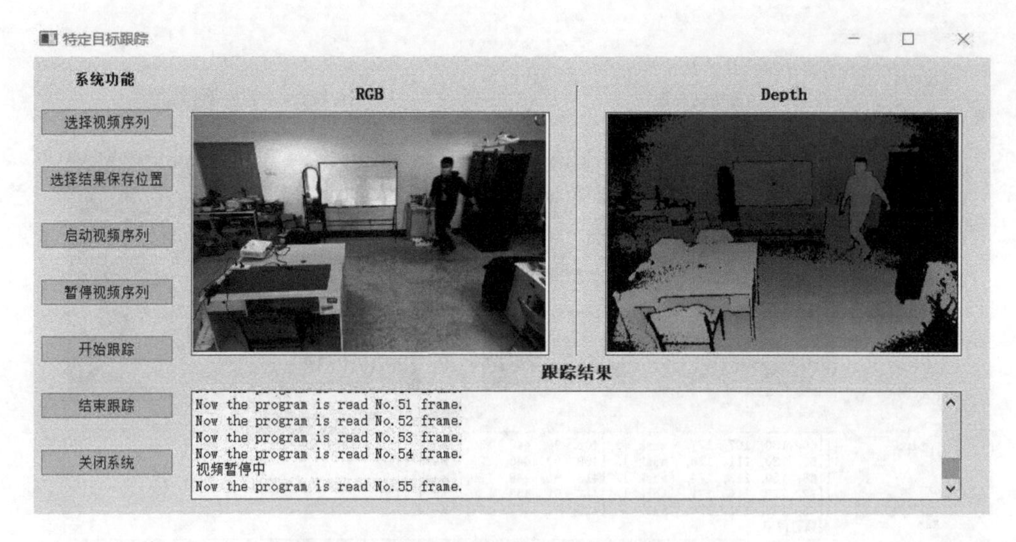

图6-30　视频序列播放暂停功能测试结果

6.2.4.4　场景安全程度分析功能测试

本功能需要用户选中系统“场景安全程度分析”复选框，随后系统分析场景的安全程度，并将其显示在系统右上角“当前场景安全程度”处。若用户未选中系统“场景安全程度分析”复选框，则系统右上角“当前场景安全程度”处将显示白色。经模拟测试，本功能可正常工作，测试结果如图6-31~图6-33所示。

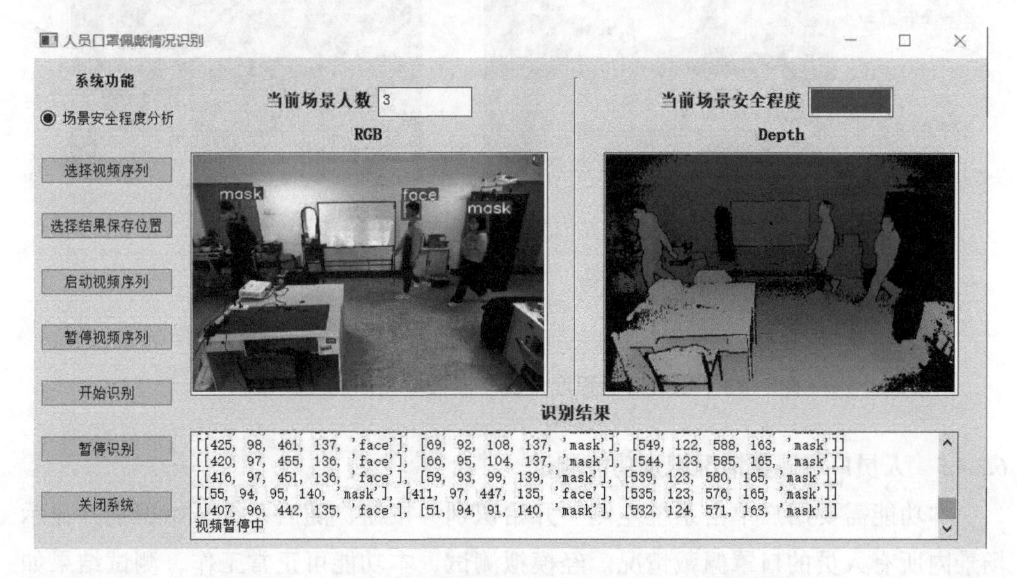

图6-31　场景安全程度分析功能在场景一的测试结果

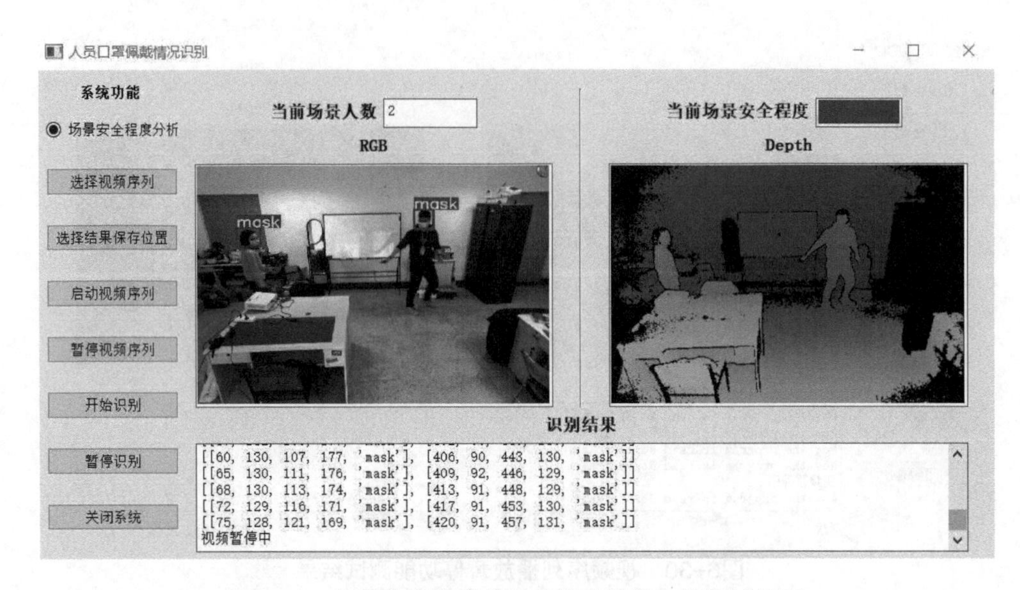

图6-32　场景安全程度分析功能在场景二的测试结果

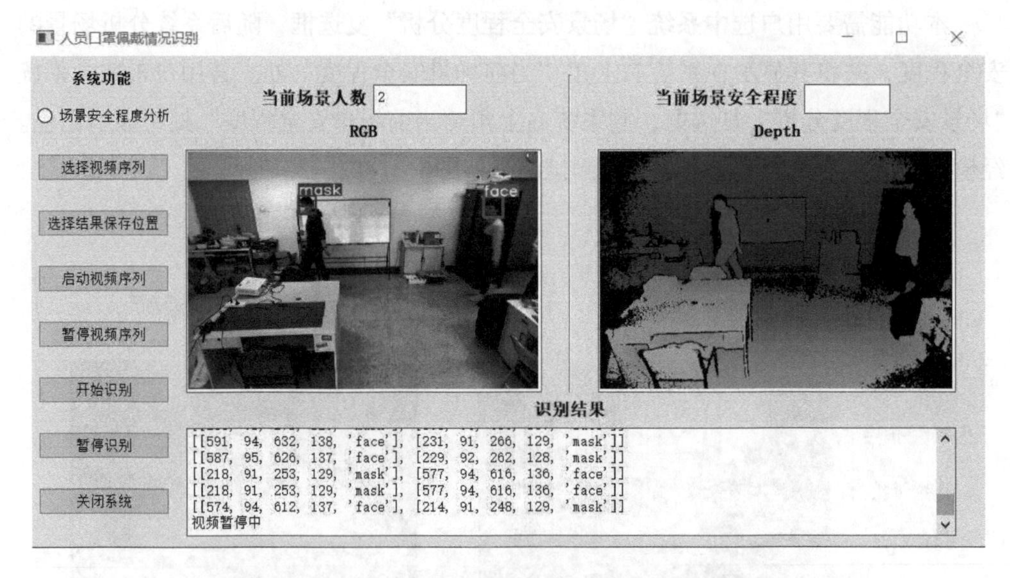

图6-33　场景安全程度分析功能被关闭时的测试结果

6.2.4.5　人员口罩佩戴情况识别功能测试

本功能需要用户单击系统左侧“开始识别”按钮，随后系统开始识别并显示场景内所有人员的口罩佩戴情况。经模拟测试，本功能可正常工作，测试结果如图6-34和图6-35所示。

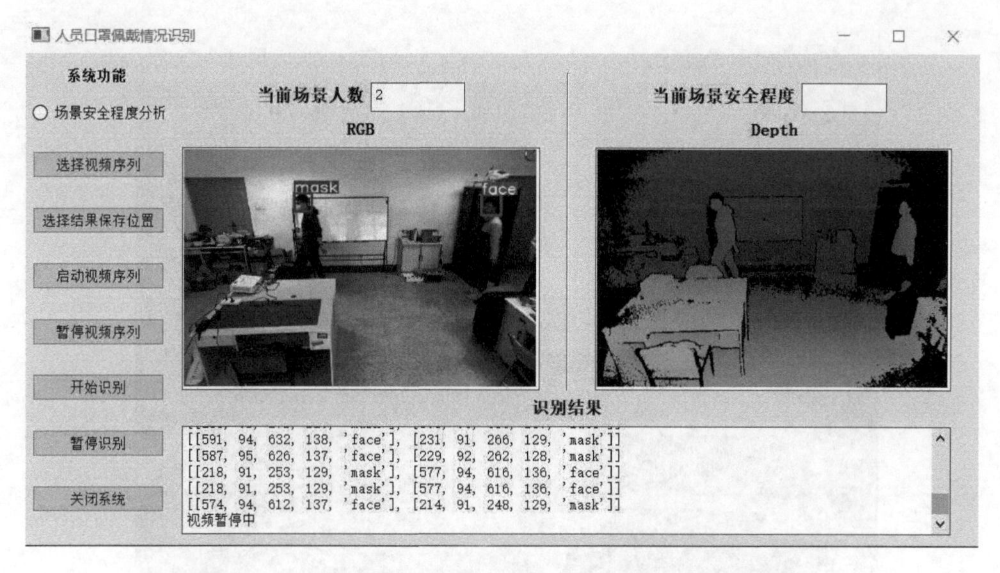

图6-34　人员口罩佩戴情况识别功能在场景一的测试结果

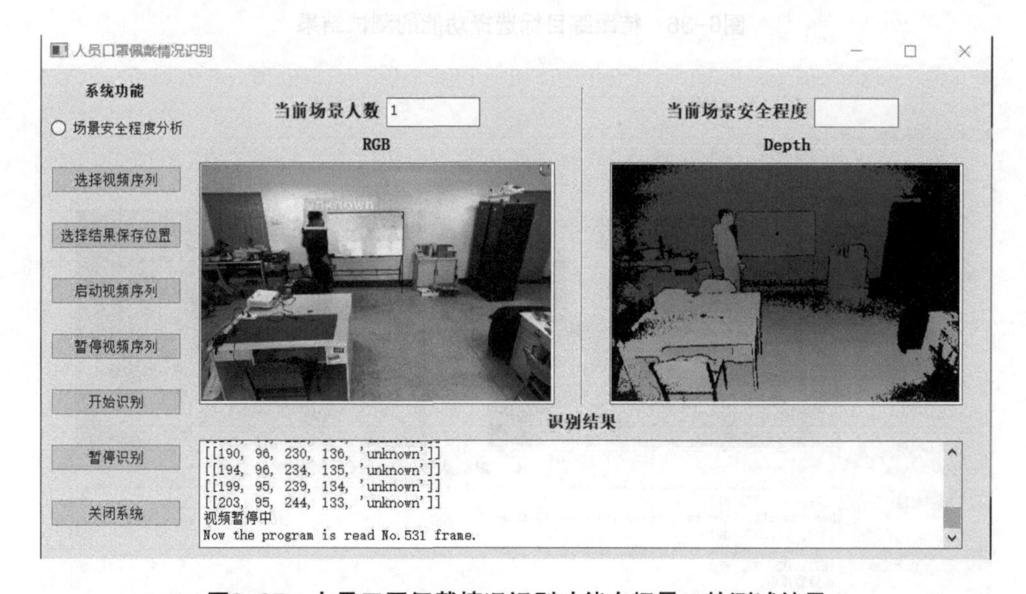

图6-35　人员口罩佩戴情况识别功能在场景二的测试结果

6.2.4.6　特定目标跟踪功能测试

本功能需要用户点击系统左侧“开始跟踪”按钮，随后用户在弹出的窗口中选择并确定待跟踪的特定目标，然后在系统右上方显示特定目标位置，同时在系统右下方跟踪结果框中显示特定目标位置。经模拟测试，本功能可正常工作，测试结果如图6-36和图6-37所示。

图6-36　待跟踪目标选择功能的测试结果

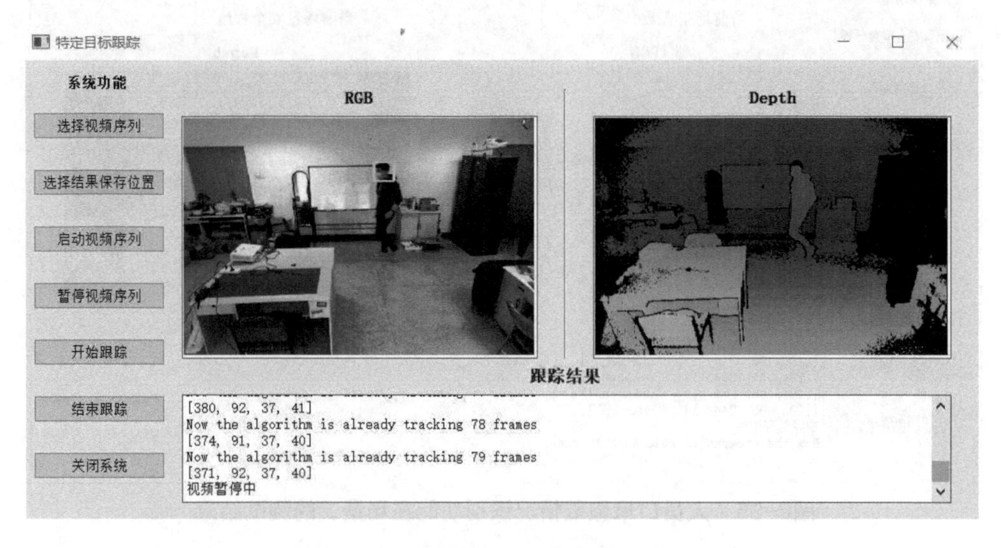

图6-37　特定目标跟踪功能的测试结果

6.2.4.7　多目标跟踪功能测试

本功能需要用户单击系统左侧“开始跟踪”按钮，随后系统跟踪并显示场景内所有人员的运动轨迹。经模拟测试，本功能可正常工作，测试结果如图6-38和图6-39所示。

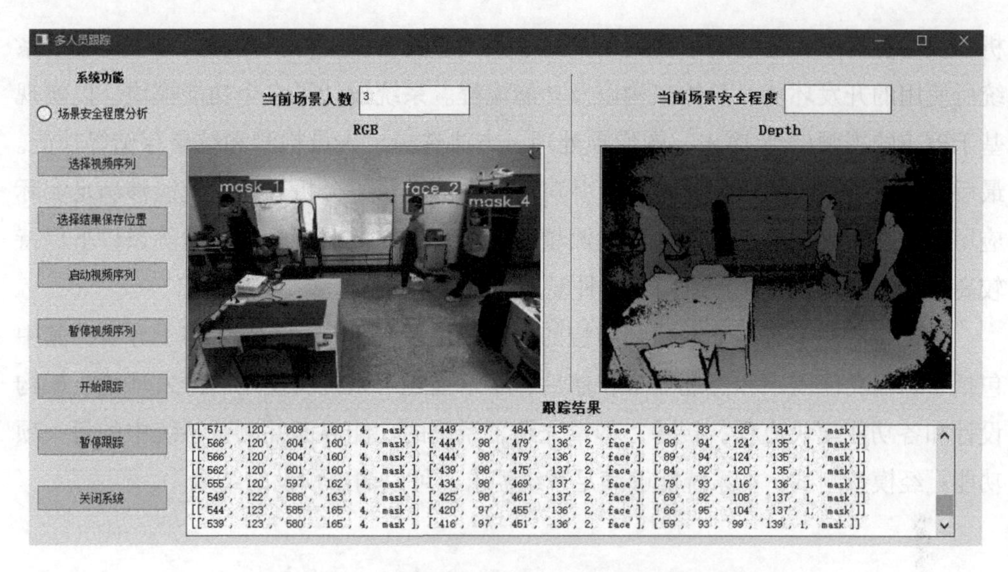

图6-38　多目标跟踪功能在场景一的测试结果

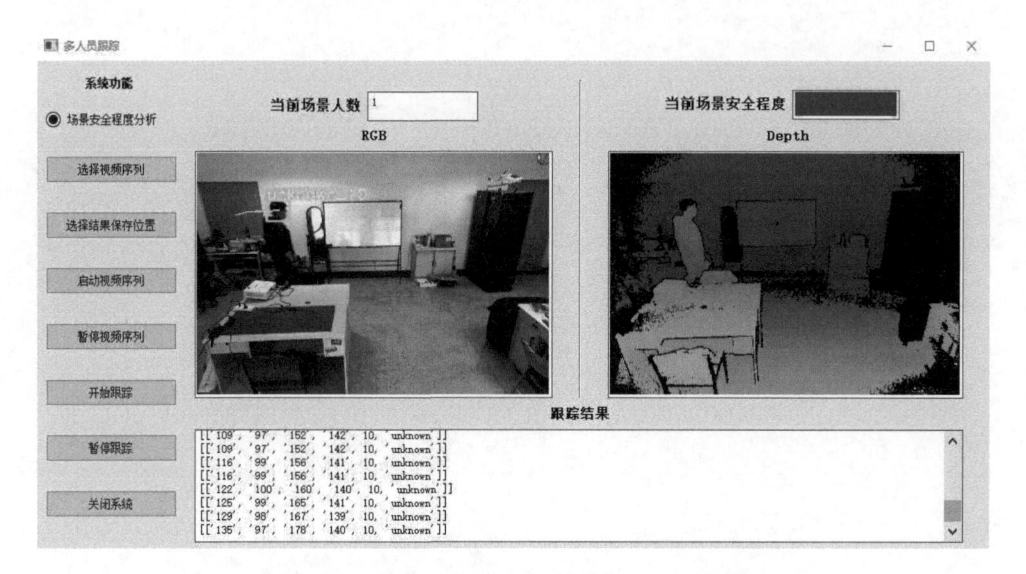

图6-39　多目标跟踪功能在场景二的测试结果

6.3　本章小结

本章介绍了基于RGB的人脸检测与基于RGB-D多源数据融合的跟踪算法两个实际应用系统。

第一个应用系统是基于RGB的密集人群场景人脸检测系统。首先进行了需求分析，从功能需求和性能需求两方面描述了系统应具备的条件。接着，详细介绍了系统所使用的开发环境、总体架构以及功能流程。系统设计了多个功能模块，以实现基于RGB的视频/图像输入、图像预处理、方法选择、人员检测和结果存储等功能。最后，展示了系统的可视化界面，并对系统性能进行了分析。该系统能够满足实际应用中针对密集人群场景的人脸检测精度要求，并在低照度、小人脸等条件下保持较高的稳健性和实时性，适用于多种复杂场景。

第二个应用系统是面向疫情防控的人员跟踪系统，首先进行了需求分析，其中包括系统的功能需求和性能需求；然后，本章描述了系统所使用的开发环境、架构设计和各功能模块流程；接着，本章介绍了系统的功能界面并测试系统中的每一项功能；经模拟测试，本系统能够满足系统需求，可以输出预设的结果。

第7章 总结与展望

7.1 总结

随着智慧建筑的飞速发展，智慧建筑中的人员检测和人流量统计技术的应用为分析室内人员流动情况、自动化控制楼宇设备以及合理调配资源提供了可靠的数据支撑，具有较高的应用意义和参考价值。但在复杂多变的室内场景中，人员易受到频繁遮挡、光照变化、多尺度以及相似背景等因素影响，导致人员检测和人流量统计仍是一项极具挑战性的任务，仅利用单一可见光图像难以克服不同场景对人员检测的限制。本文在深入探讨基于RGB的复杂场景人脸检测基础上，引入场景深度信息，提出基于RGB-D的人员检测和双向人流量统计方法，增强算法对于频繁遮挡、光照变化以及复杂背景的稳健性，提高室内人员检测和双向人流量统计的精度。本文主要完成的工作内容有：

（1）实现基于全局上下文信息与知识蒸馏的RGB人员检测算法。

①改进了传统的Retinex图像增强技术，采用双边滤波替代高斯滤波，提出了一种基于Retinex图像增强的低光照人脸检测算法，显著提升了低光照条件下基于RGB的检测性能。

②提出了一种基于全局上下文反馈和视觉注意力机制的密集人脸检测模型，有效提高了小人脸的辨别能力并解决了遮挡问题。

③提出了一种基于知识蒸馏的实时性人脸检测算法，通过特征解耦和教师助理模型提升了蒸馏效果，从而兼顾了检测速度和精度，解决传统人脸检测模型参数过大的问题。

（2）实现基于非对称自适应特征融合的RGB-D人员检测算法。

①依据深度图像特性和卷积可视化结果，构建一种非对称型RGB-D双流网络，兼顾RGB和Depth特征的差异和共性，提取有效且通用的RGB-D特征。

②构建深度特征金字塔网络，融合目标深层语义信息和浅层细节信息，强化目标的多尺度特征表示。

③设计并实现一种自适应通道加权模块，自主学习通道间关联模式来融合RGB-D多模态特征，实现高效的特征互补和特征选择。

④设计并实现多分支预测网络，提高算法应对不同尺寸目标的检测能力。

⑤本文在多个不同场景的公开RGB-D室内数据集上验证所提人员检测算法的性能，并与前人工作进行了定量比较和分析，实验结果表明本文所提算法均优于现有对比算法，且对于黑夜和遮挡条件下的人员检测具有良好的稳健性。

（3）实现基于非对称孪生网络的多目标跟踪算法。

①依据RGB图像和深度图像的卷积特征特性，设计并实现一种非对称孪生网络，在降低计算复杂度的同时，可以有效提升RGB图像和深度图像特征质量。

②利用注意力模块去除RGB特征和深度特征中的冗余信息，融合形成高质量的RGB-D特征，提升算法对人员的响应能力。

③依据视频序列时序信息，设计并实现一种轨迹优化模块，该模块首先判断轨迹质量，随后抑制错误人员轨迹，优化低质量人员轨迹，提升跟踪算法输出轨迹的完整性和准确性。

7.2 展望

本文所述的基于多源数据融合的目标检测与跟踪技术的研究与应用还面临很多挑战。

（1）现阶段的人员检测主要针对室内场景展开研究，所使用的RGB-D数据均通过Kinect相机在室内采集获得，后续将考虑拓展室外环境下的RGB-D人员检测研究。

（2）现阶段多目标跟踪算法因计算量稍高，可承载最大人流量为8~10人，实时运行较慢。后续将对跟踪算法进行优化，精简跟踪算法的网络结构，降低算法的参数量和运行所需内存，进一步提高算法的跟踪速度。

参考文献

[1] Felzenszwalb, Pedro, F, et al. Object Detection with Discriminatively Trained Part-Based Models [J]. IEEE Transactions on Pattern Analysis & Machine Intelligence, 2010, 32 (9): 1627-1645.

[2] Felzenszwalb P, McAllester D, Ramanan D. A discriminatively trained, multiscale, deformable part model [C] //2008 IEEE conference on computer vision and pattern recognition. IEEE, 2008: 1-8.

[3] Felzenszwalb P, Girshick R, McAllester D, et al. Visual object detection with deformable part models [J]. Communications of the ACM, 2013, 56 (9): 97-105.

[4] Girshick R B. From rigid templates to grammars: Object detection with structured models [M]. Chicago, IL, USA: University of Chicago, Division of the Physical Sciences, Department of Computer Science, 2012.

[5] Zitnick C L, Doll á r P. Edge boxes: Locating object proposals from edges [C] // European conference on computer vision. Springer, Cham, 2014: 391-405.

[6] Uijlings J R R, Van De Sande K E A, Gevers T, et al. Selective search for object recognition [J]. International journal of computer vision, 2013, 104 (2): 154-171.

[7] Zhou H, Yuan Y, Shi C. Object tracking using SIFT features and mean shift [J]. Computer vision and image understanding, 2009, 113 (3): 345-352.

[8] O'Rourke S M, Herškowitz I, O'Shea E K. Yeast go the whole HOG for the hyperosmotic response [J]. TRENDS in Genetics, 2002, 18 (8): 405-412.

[9] Freund Y, Schapire R E. A decision-theoretic generalization of on-line learning and an application to boosting [J]. Journal of computer and system sciences, 1997, 55 (1): 119-139.

[10] Suykens J A K, Lukas L, Van Dooren P, et al. Least squares support vector machine classifiers: a large scale algorithm [C] //European Conference on Circuit Theory and Design, ECCTD. Citeseer, 1999, 99: 839-842.

[11] Redmon J, Divvala S, Girshick R, et al. You only look once: Unified, real-time object detection [C] //Proceedings of the IEEE conference on computer vision and

pattern recognition. 2016：779–788.

[12] Redmon J，Farhadi A. YOLO9000：better，faster，stronger [C] //Proceedings of the IEEE conference on computer vision and pattern recognition. 2017：7263–7271.

[13] Redmon J，Farhadi A. Yolov3：An incremental improvement [J]. arXiv preprint arXiv：1804.02767，2018.

[14] Bochkovskiy A，Wang C Y，Liao H Y M. Yolov4：Optimal speed and accuracy of object detection [J]. arXiv preprint arXiv：2004.10934，2020.

[15] Liu W，Anguelov D，Erhan D，et al. Ssd：Single shot multibox detector [C] //European conference on computer vision. Springer，Cham，2016：21–37.

[16] Deng L，Yang M，Li T，et al. RFBNet：deep multimodal networks with residual fusion blocks for RGB-D semantic segmentation [J]. arXiv preprint arXiv：1907.00135，2019.

[17] Zhou X，Wang D，Krähenbühl P. Objects as points [J]. arXiv preprint arXiv：1904.07850，2019.

[18] Girshick R，Donahue J，Darrell T，et al. Rich feature hierarchies for accurate object detection and semantic segmentation [C] //Proceedings of the IEEE conference on computer vision and pattern recognition. 2014：580–587.

[19] Girshick R. Fast r-cnn [C] //Proceedings of the IEEE international conference on computer vision. 2015：1440–1448.

[20] Ren S，He K，Girshick R，et al. Faster R-CNN：towards real-time object detection with region proposal networks [J]. IEEE transactions on pattern analysis and machine intelligence，2016，39 (6)：1137–1149.

[21] Cai Z，Vasconcelos N. Cascade r-cnn：Delving into high quality object detection [C] //Proceedings of the IEEE conference on computer vision and pattern recognition. 2018：6154–6162.

[22] Li Y，Chen Y，Wang N，et al. Scale-aware trident networks for object detection [C] //Proceedings of the IEEE/CVF International Conference on Computer Vision. 2019：6054–6063.

[23] He K，Zhang X，Ren S，et al. Spatial pyramid pooling in deep convolutional networks for visual recognition [J]. IEEE transactions on pattern analysis and machine intelligence，2015，37 (9)：1904–1916.

[24] Mateus A，Ribeiro D，Miraldo P，et al. Efficient and robust pedestrian

detection using deep learning for human-aware navigation [J]. Robotics and Autonomous Systems, 2019, 113: 23-37.

[25] Cheng E J, Prasad M, Yang J, et al. A fast fused part-based model with new deep feature for pedestrian detection and security monitoring [J]. Measurement, 2020, 151: 107081.

[26] Tesema F B, Wu H, Chen M, et al. Hybrid channel based pedestrian detection [J]. Neurocomputing, 2020, 389: 1-8.

[27] Wang X, Xiao T, Jiang Y, et al. Repulsion loss: Detecting pedestrians in a crowd [C] //Proceedings of the IEEE Conference on Computer Vision and Pattern Recognition. 2018: 7774-7783.

[28] Zhao J, Zhang G, Tian L, et al. Real-time human detection with depth camera via a physical radius-depth detector and a CNN descriptor [C] //2017 IEEE International Conference on Multimedia and Expo (ICME). IEEE, 2017: 1536-1541.

[29] Zhang G, Tian L, Liu Y, et al. Robust Real-Time Human Perception with Depth Camera [C] //ECAI. 2016: 304-310.

[30] Wetzel J, Laubenheimer A, Heizmann M. Joint probabilistic people detection in overlapping depth images [J]. IEEE access, 2020, 8: 28349-28359.

[31] Fujimoto Y, Fujita K. Depth-Based Human Detection Considering Postural Diversity and Depth Missing in Office Environment [J]. IEEE Access, 2019, 7: 12206-12219.

[32] Tian L, Li M, Hao Y, et al. Robust 3-d human detection in complex environments with a depth camera [J]. IEEE Transactions on Multimedia, 2018, 20 (9): 2249-2261.

[33] Krizhevsky A, Sutskever I, Hinton G E. Imagenet classification with deep convolutional neural networks [J]. Advances in neural information processing systems, 2012, 25: 1097-1105.

[34] Sun S, Akhtar N, Song H, et al. Benchmark data and method for real-time people counting in cluttered scenes using depth sensors [J]. IEEE Transactions on Intelligent Transportation Systems, 2019, 20 (10): 3599-3612.

[35] Huang W, Zhou B, Qian K, et al. Real-Time Multi-Modal People Detection and Tracking of Mobile Robots with A RGB-D Sensor [C] //2019 IEEE 4th International Conference on Advanced Robotics and Mechatronics (ICARM). IEEE, 2019: 325-330.

[36] Rätsch G, Onoda T, Müller K R. Soft margins for AdaBoost [J]. Machine

learning, 2001, 42 (3): 287-320.

[37] Shah S A A. Spatial hierarchical analysis deep neural network for rgb-d object recognition [C] //Pacific-Rim Symposium on Image and Video Technology. Springer, Cham, 2019: 183-193.

[38] Lian D, Li J, Zheng J, et al. Density map regression guided detection network for rgb-d crowd counting and localization [C] //Proceedings of the IEEE/CVF Conference on Computer Vision and Pattern Recognition. 2019: 1821-1830.

[39] Ophoff T, Van Beeck K, Goedemé T. Exploring RGB+ Depth fusion for real-time object detection [J]. Sensors, 2019, 19 (4): 866.

[40] Gupta S, Girshick R, Arbeláez P, et al. Learning rich features from RGB-D images for object detection and segmentation [C] //European conference on computer vision. Springer, Cham, 2014: 345-360.

[41] Zhang G, Liu J, Liu Y, et al. Physical blob detector and Multi-Channel Color Shape Descriptor for human detection [J]. Journal of Visual Communication and Image Representation, 2018, 52: 13-23.

[42] Zhang G, Liu J, Li H, et al. Joint human detection and head pose estimation via multistream networks for RGB-D videos [J]. IEEE Signal Processing Letters, 2017, 24 (11): 1666-1670.

[43] Zeng H, Yang B, Wang X, et al. RGB-D Object Recognition Using Multi-Modal Deep Neural Network and DS Evidence Theory [J]. Sensors, 2019, 19 (3): 529.

[44] Ren L, Lu J, Feng J, et al. Uniform and variational deep learning for RGB-D object recognition and person re-identification [J]. IEEE Transactions on Image Processing, 2019, 28 (10): 4970-4983.

[45] Ojala T, Pietikainen M, Harwood D. Performance evaluation of texture measures with classification based on Kullback discrimination of distributions [C] // Proceedings of 12th international conference on pattern recognition. IEEE, 1994, 1: 582-585.

[46] Dalal N, Triggs B. Histograms of oriented gradients for human detection [C] // 2005 IEEE computer society conference on computer vision and pattern recognition (CVPR'05). Ieee, 2005, 1: 886-893.

[47] Lowe D G. Object recognition from local scale-invariant features [C] // Proceedings of the seventh IEEE international conference on computer vision. Ieee, 1999, 2:

1150–1157.

[48] Cootes T F，Edwards G J，Taylor C J. Active appearance models [J] . IEEE Transactions on pattern analysis and machine intelligence，2001，23（6）：681–685.

[49] Cortes C，Vapnik V. Support–vector networks [J] . Machine learning，1995，20（3）：273–297.

[50] Cover T，Hart P. Nearest neighbor pattern classification [J] . IEEE transactions on information theory，1967，13（1）：21–27.

[51] Rabiner L R. A tutorial on hidden Markov models and selected applications in speech recognition [J] . Proceedings of the IEEE，1989，77（2）：257–286.

[52] Tapia J E，Perez C A. Gender classification based on fusion of different spatial scale features selected by mutual information from histogram of LBP，intensity，and shape [J] . IEEE transactions on information forensics and security，2013，8（3）：488–499..

[53] Eidinger E，Enbar R，Hassner T. Age and gender estimation of unfiltered faces [J] .IEEE Transactions on Information Forensics and Security，2014，9（12）：2170–2179.

[54] Berg T，Belhumeur P N. Poof：Part–based one–vs.–one features for fine-grained categorization，face verification，and attribute estimation [C] //Proceedings of the IEEE Conference on Computer Vision and Pattern Recognition. 2013：955–962.

[55] Chao W L，Liu J Z，Ding J J. Facial age estimation based on label–sensitive learning and age–oriented regression [J] . Pattern Recognition，2013，46（3）：628–641.

[56] Sharif Razavian A，Azizpour H，Sullivan J，et al. CNN features off–the-shelf：an astounding baseline for recognition [C] //Proceedings of the IEEE conference on computer vision and pattern recognition workshops. 2014：806–813.

[57] Liu Z，Luo P，Wang X，et al. Deep learning face attributes in the wild [C] //Proceedings of the IEEE international conference on computer vision. 2015：3730–3738.

[58] Mahbub U，Sarkar S，Chellappa R. Segment–based methods for facial attribute detection from partial faces [J]. IEEE Transactions on Affective Computing，2018，11（4）：601–613.

[59] Rudd E M，G ü nther M，Boult T E. Moon：A mixed objective optimization network for the recognition of facial attributes [C] //European Conference on Computer Vision. Springer，Cham，2016：19–35.

[60] Zhong Y，Sullivan J，Li H. Face attribute prediction using off–the–shelf CNN

features [C] //2016 International Conference on Biometrics (ICB) . IEEE, 2016: 1-7.

[61] Hand E M, Chellappa R. Attributes for improved attributes: A multi-task network for attribute classification [J] . arXiv preprint arXiv: 1604.07360, 2016.

[62] Han H, Jain A K, Wang F, et al. Heterogeneous face attribute estimation: A deep multi-task learning approach [J] . IEEE transactions on pattern analysis and machine intelligence, 2017, 40 (11): 2597-2609.

[63] Bolme D S, Beveridge J R, Draper B A, et al. Visual object tracking using adaptive correlation filters [C] //2010 IEEE computer society conference on computer vision and pattern recognition. IEEE, 2010: 2544-2550.

[64] Henriques J F, Caseiro R, Martins P, et al. Exploiting the circulant structure of tracking-by-detection with kernels [C] //European conference on computer vision. Springer, Berlin, Heidelberg, 2012: 702-715.

[65] Henriques J F, Caseiro R, Martins P, et al. High-speed tracking with kernelized correlation filters [J] . IEEE transactions on pattern analysis and machine intelligence, 2014, 37 (3): 583-596.

[66] Nam H, Han B. Learning multi-domain convolutional neural networks for visual tracking [C] //Proceedings of the IEEE conference on computer vision and pattern recognition. 2016: 4293-4302.

[67] Kristan M, Leonardis A, Matas J, et al. The visual object tracking vot2017 challenge results [C] //Proceedings of the IEEE international conference on computer vision workshops. 2017: 1949-1972.

[68] Held D, Thrun S, Savarese S. Learning to track at 100 fps with deep regression networks [C] //European conference on computer vision. Springer, Cham, 2016: 749-765.

[69] Bertinetto L, Valmadre J, Henriques J F, et al. Fully-convolutional siamese networks for object tracking [C] //European conference on computer vision. Springer, Cham, 2016: 850-865.

[70] Danelljan M, Bhat G, Shahbaz Khan F, et al. Eco: Efficient convolution operators for tracking [C] //Proceedings of the IEEE conference on computer vision and pattern recognition. 2017: 6638-6646.

[71] Valmadre J, Bertinetto L, Henriques J, et al. End-to-end representation learning for correlation filter based tracking [C] //Proceedings of the IEEE conference on computer vision and pattern recognition. 2017: 2805-2813.

[72] Li B，Yan J，Wu W，et al. High performance visual tracking with siamese region proposal network [C] //Proceedings of the IEEE conference on computer vision and pattern recognition. 2018：8971–8980.

[73] Li B，Wu W，Wang Q，et al. Siamrpn++：Evolution of siamese visual tracking with very deep networks [C] //Proceedings of the IEEE/CVF Conference on Computer Vision and Pattern Recognition. 2019：4282–4291.

[74] Zhang Z，Peng H. Deeper and wider siamese networks for real-time visual tracking [C] //Proceedings of the IEEE/CVF Conference on Computer Vision and Pattern Recognition. 2019：4591–4600.

[75] Meshgi K，Maeda S，Oba S，et al. An occlusion-aware particle filter tracker to handle complex and persistent occlusions [J] . Computer Vision and Image Understanding，2016，150：81–94.

[76] Bibi A，Zhang T，Ghanem B. 3d part-based sparse tracker with automatic synchronization and registration [C] //Proceedings of the IEEE Conference on Computer Vision and Pattern Recognition. 2016：1439–1448.

[77] Kart U，Kämäräinen J K，Matas J，et al. Depth masked discriminative correlation filter [C] //2018 24th International Conference on Pattern Recognition（ICPR）. IEEE，2018：2112–2117..

[78] Kart U，Lukezic A，Kristan M，et al. Object tracking by reconstruction with view-specific discriminative correlation filters [C] //Proceedings of the IEEE/CVF Conference on Computer Vision and Pattern Recognition. 2019：1339–1348.

[79] Xiao J，Stolkin R，Gao Y，et al. Robust fusion of color and depth data for RGB-D target tracking using adaptive range-invariant depth models and spatio-temporal consistency constraints [J] . IEEE transactions on cybernetics，2017，48（8）：2485–2499.

[80] Jiang M，Pan Z，Tang Z. Visual object tracking based on cross-modality Gaussian- Bernoulli deep Boltzmann machines with RGB-D sensors [J] . Sensors，2017，17（1）：121.

[81] Naiel M A，Ahmad M O，Swamy M N S，et al. Online multi-person tracking via robust collaborative model [C] //2014 IEEE International Conference on Image Processing（ICIP）. IEEE，2014：431–435.

[82] Eiselein V，Arp D，Pätzold M，et al. Real-time multi-human tracking using a probability hypothesis density filter and multiple detectors [C] //2012 IEEE Ninth

international conference on advanced video and signal-based surveillance. IEEE，2012：325-330.

［83］Bewley A，Ge Z，Ott L，et al. Simple online and realtime tracking［C］//2016 IEEE international conference on image processing（ICIP）. IEEE，2016：3464-3468.

［84］Wojke N，Bewley A，Paulus D. Simple online and realtime tracking with a deep association metric［C］//2017 IEEE international conference on image processing（ICIP）. IEEE，2017：3645-3649.

［85］Bochinski E，Eiselein V，Sikora T. High-speed tracking-by-detection without using image information［C］//2017 14th IEEE International Conference on Advanced Video and Signal Based Surveillance（AVSS）. IEEE，2017：1-6.

［86］Sheng H，Zhang Y，Chen J，et al. Heterogeneous association graph fusion for target association in multiple object tracking［J］. IEEE Transactions on Circuits and Systems for Video Technology，2018，29（11）：3269-3280.

［87］Szegedy C，Liu W，Jia Y，et al. Going deeper with convolutions［C］// Proceedings of the IEEE conference on computer vision and pattern recognition. 2015：1-9.

［88］Comaniciu D，Ramesh V，Meer P. Real-time tracking of non-rigid objects using mean shift［C］//Proceedings IEEE Conference on Computer Vision and Pattern Recognition. CVPR 2000（Cat. No. PR00662）. IEEE，2000，2：142-149.

［89］Avitzour D. Stochastic simulation Bayesian approach to multitarget tracking［J］. IEE Proceedings-Radar，Sonar and Navigation，1995，142（2）：41-44.

［90］Gordon N. A hybrid bootstrap filter for target tracking in clutter［J］. IEEE Transactions on Aerospace and Electronic Systems，1997，33（1）：353-358.

［91］Danescu R，Oniga F，Nedevschi S，et al. Tracking multiple objects using particle filters and digital elevation maps［C］//2009 IEEE Intelligent Vehicles Symposium. IEEE，2009：88-93.

［92］Yin J，Wang W，Meng Q，et al. A unified object motion and affinity model for online multi-object tracking［C］//Proceedings of the IEEE/CVF Conference on Computer Vision and Pattern Recognition. 2020：6768-6777.

［93］Feng W，Hu Z，Wu W，et al. Multi-object tracking with multiple cues and switcher-aware classification［J］. arXiv preprint arXiv：1901.06129，2019.

［94］Chu P，Ling H. Famnet：Joint learning of feature，affinity and multi-dimensional assignment for online multiple object tracking［C］//Proceedings of the IEEE/CVF International Conference on Computer Vision. 2019：6172-6181.

[95] Shi X，Ling H，Pang Y，et al. Rank-1 tensor approximation for high-order association in multi-target tracking [J] . International Journal of Computer Vision，2019，127 (8)：1063-1083.

[96] Zhu J，Yang H，Liu N，et al. Online multi-object tracking with dual matching attention networks [C] //Proceedings of the European Conference on Computer Vision (ECCV) . 2018：366-382.

[97] Sadeghian A，Alahi A，Savarese S. Tracking the untrackable：Learning to track multiple cues with long-term dependencies [C] //Proceedings of the IEEE International Conference on Computer Vision. 2017：300-311.

[98] Chrapek D，Beran V，Zemcik P. Depth-based filtration for tracking boost [C] // International Conference on Advanced Concepts for Intelligent Vision Systems. Springer，Cham，2015：217-228.

[99] Kalal Z，Mikolajczyk K，Matas J. Tracking-learning-detection [J] . IEEE transactions on pattern analysis and machine intelligence，2011，34 (7)：1409-1422.

[100] Wang Q，Fang J，Yuan Y. Multi-cue based tracking [J] . Neurocomputing，2014，131：227-236.

[101] Liu J，Liu Y，Zhang G，et al. Detecting and tracking people in real time with RGB-D camera [J] . Pattern Recognition Letters，2015，53：16-23.

[102] Liu J，Liu Y，Cui Y，et al. Real-time human detection and tracking in complex environments using single RGBD camera [C] //2013 IEEE International Conference on Image Processing. ieee，2013：3088-3092.

[103] Liu J，Zhang G，Liu Y，et al. An ultra-fast human detection method for color- depth camera [J] . Journal of Visual Communication and Image Representation，2015，31：177-185.

[104] Ma A J，Yuen P C，Saria S. Deformable distributed multiple detector fusion for multi-person tracking [J] . arXiv preprint arXiv：1512.05990，2015.

[105] Felzenszwalb P F，Girshick R B，McAllester D，et al. Object detection with discriminatively trained part-based models [J] . IEEE transactions on pattern analysis and machine intelligence，2009，32 (9)：1627-1645.

[106] Milan A，Schindler K，Roth S. Multi-target tracking by discrete-continuous energy minimization [J] . IEEE transactions on pattern analysis and machine intelligence，2015，38 (10)：2054-2068.

[107] Xu Y，Ban Y，Alameda-Pineda X，et al. Deepmot：a differentiable

framework for training multiple object trackers [J]. arXiv preprint arXiv: 1906.06618, 2019.

[108] Camplani M, Paiement A, Mirmehdi M, et al. Multiple human tracking in RGB-depth data: a survey [J]. IET computer vision, 2017, 11 (4): 265-285.

[109] Munaro M, Menegatti E. Fast RGB-D people tracking for service robots [J]. Autonomous Robots, 2014, 37 (3): 227-242.

[110] 王晨阳. RGBD图的核相关跟踪算法研究 [D]. 武汉：华中科技大学，2018.

[111] Zhang W, Zhou H, Sun S, et al. Robust multi-modality multi-object tracking [C] //Proceedings of the IEEE/CVF International Conference on Computer Vision. 2019: 2365-2374.

[112] 周政. 基于RGBD多模态信息的行人轮廓跟踪方法研究 [D]. 成都：电子科技大学，2019.

[113] 孙肖祯. 基于RGBD视频序列的行人跟踪算法研究 [D]. 青岛：青岛科技大学，2018.

[114] Haq E U, Huarong X, Xuhui C, et al. A fast hybrid computer vision technique for real-time embedded bus passenger flow calculation through camera [J]. Multimedia Tools and Applications, 2020, 79 (1): 1007-1036.

[115] 朱林峰. 顶视角下红外人流量智能统计方法研究与实现 [D]. 杭州：浙江工业大学，2020.

[116] 张开生，郭碧筱，刘泽新，等. 基于人流量检测的改进CN算法 [J]. 计算机工程与设计，2020，041 (002)：411-416.

[117] 殷涛，崔佳冬.视频监控行人流量统计系统的设计 [J].电子科技，2019，32 (12)：48-52.

[118] 李子彦. 基于RGB-D与深度卷积网络的地铁人流量统计算法研究 [D]. 广州：华南理工大学.

[119] He M, Luo H, Hui B, et al. Pedestrian flow tracking and statistics of monocular camera based on convolutional neural network and Kalman filter [J]. Applied Sciences, 2019, 9 (8): 1624.

[120] 张小红.复杂环境中运动目标流量分析与统计方法 [J].无线通信技术，2019，28 (01)：42-47.

[121] 李仁刚. 基于机器视觉技术的智慧城市人流量统计系统设计与实现 [D]. 成都：电子科技大学，2019.

［122］刘军. 基于RGB-D的人数统计方法研究［D］. 重庆：重庆邮电大学，2017.

［123］张汝峰，胡钊政.基于RGB-D图像与头肩区域编码的实时人流量统计［J］.交通信息与安全，2019，37（06）：79-87.

［124］Land E H. An alternative technique for the computation of the designator in the retinex theory of color vision［J］. Proceedings of the National Academy of Sciences of the United States of America，1986，83（10）: 3078-3080.

［125］Jobson D J，Rahman Z，Woodell G A. A multiscale retinex for bridging the gap between color images and the human observation of scenes［J］. IEEE Transactions on Image Processing，1997，6（7）: 965-976.

［126］Deng J，Guo J，Zhou Y，et al. RetinaFace: Single-stage dense face localisation in the wild［J］. arXiv preprint arXiv: 1905.00641，2019.

［127］He K，Zhang X，Ren S，et al. Deep residual learning for image recognition［C］//Proceedings of the IEEE Conference on Computer Vision and Pattern Recognition. Las Vegas，NV，USA: IEEE，2016: 770-778.

［128］Howard A G. Mobilenets: Efficient convolutional neural networks for mobile vision applications［J］. arXiv preprint arXiv: 1704.04861，2017.

［129］Ross T-Y，Doll ά r G. Focal loss for dense object detection［C］//Proceedings of the IEEE Conference on Computer Vision and Pattern Recognition. Venice，Italy: IEEE，2017: 2980-2988.

［130］Najibi M，Samangouei P，Chellappa R，et al. SSH: Single stage headless face detector［C］//Proceedings of the IEEE International Conference on Computer Vision. Venice，Italy: IEEE，2017: 4875-4884.

［131］Yang W，Yuan Y，Ren W，et al. Advancing image understanding in poor visibility environments: A collective benchmark study［J］. IEEE Transactions on Image Processing，2020，29: 5737-5752.

［132］Wu Y，Chen Y，Yuan L，et al. Rethinking classification and localization for object detection［C］//Proceedings of the IEEE/CVF Conference on Computer Vision and Pattern Recognition. Seattle，WA，USA: IEEE，2020: 10186-10195.

［133］Song G，Liu Y，Wang X. Revisiting the sibling head in object detector［C］// Proceedings of the IEEE/CVF Conference on Computer Vision and Pattern Recognition. Seattle，WA，USA: IEEE，2020: 11563-11572.

［134］Lu X，Li B，Yue Y，et al. Grid R-CNN［C］//Proceedings of the IEEE/CVF

Conference on Computer Vision and Pattern Recognition. Long Beach，CA，USA: IEEE，2019: 7363–7372.

［135］Cao J，Cholakkal H，Anwer R M，et al. D2Det: Towards high quality object detection and instance segmentation［C］//Proceedings of the IEEE/CVF Conference on Computer Vision and Pattern Recognition. Seattle，WA，USA: IEEE，2020: 11485–11494.

［136］Loh Y P，Chan C S. Getting to know low–light images with the exclusively dark dataset［J］. Computer Vision and Image Understanding，2019，178: 30–42.

［137］Nada H，Sindagi V A，Zhang H，et al. Pushing the limits of unconstrained face detection: a challenge dataset and baseline results［C］//2018 IEEE 9th international conference on biometrics theory，applications and systems（BTAS）. IEEE，2018: 1–10.

［138］Jain V，Learned–Miller E. FDDB: A benchmark for face detection in unconstrained settings［R］. UMass Amherst Technical Report，2010.

［139］Howard A G. Mobilenets: Efficient convolutional neural networks for mobile vision applications［J］. arXiv preprint arXiv: 1704.04861，2017.

［140］Wei C，Wang W，Yang W，et al. Deep Retinex Decomposition for Low–Light Enhancement［J］. arXiv preprint arXiv: 1808.04560，2018.

［141］Jiang Y，Gong X，Liu D，et al. EnlightenGAN: Deep Light Enhancement Without Paired Supervision［J］. IEEE Transactions on Image Processing，2021，30: 2340–2349.

［142］Zhang K，Zhang Z，Li Z，et al. Joint face detection and alignment using multitask cascaded convolutional networks［J］. IEEE Signal Processing Letters，2016，23（10）: 1499–1503.

［143］Hu P，Ramanan D. Finding tiny faces［C］//Proceedings of the IEEE Conference on Computer Vision and Pattern Recognition. Honolulu，HI，USA: IEEE，2017: 951–959.

［144］Zhang B，Li J，Wang Y，et al. ASFD: Automatic and scalable face detector［J］. arXiv preprint arXiv: 2003.11228，2020.

［145］Hinton G. Distilling the Knowledge in a Neural Network［J］. arXiv preprint arXiv:1503.02531，2015.

［146］Zhang S，Zhu X，Lei Z，et al. Faceboxes: A CPU real–time face detector with high accuracy［C］//2017 IEEE International Joint Conference on Biometrics（IJCB）. IEEE，2017: 1–9.

［147］Chi C，Zhang S，Xing J，et al. Selective refinement network for high performance face detection [C] //Proceedings of the AAAI conference on artificial Intelligence. AAAI，2019: 8231–8238.

[148] Peng H，Yu S. A systematic IOU–related method: Beyond simplified regression for better localization [J] . IEEE Transactions on Image Processing，2021，30: 5032–5044.

[149] Yoo Y，Han D，Yun S. EXTD: Extremely Tiny Face Detector via Iterative Filter Reuse [J] . arXiv preprint arXiv: 1906.06579，2019.

[150] Wang W，Tran D，Feiszli M. What makes training multi–modal classification networks hard? [C] //Proceedings of the IEEE/CVF Conference on Computer Vision and Pattern Recognition. 2020：12695–12705.

[151] Zeiler M D，Fergus R. Visualizing and understanding convolutional networks [C] // European conference on computer vision. Springer，Cham，2014：818–833.

[152] Hu J，Shen L，Sun G. Squeeze–and–excitation networks [C] //Proceedings of the IEEE conference on computer vision and pattern recognition. 2018：7132–7141.

[153] Liu J，Liu Y，Zhang G，et al. Detecting and tracking people in real time with RGB–D camera [J] . Pattern Recognition Letters，2015，53：16–23.

[154] Choi W，Pantofaru C，Savarese S. A general framework for tracking multiple people from a moving camera [J] . IEEE transactions on pattern analysis and machine intelligence，2012，35（7）：1577–1591.

[155] Bondi E，Seidenari L，Bagdanov A D，et al. Real–time people counting from depth imagery of crowded environments [C] //2014 11th IEEE International Conference on Advanced Video and Signal Based Surveillance（AVSS）. IEEE，2014：337–342.

[156] Bagautdinov T，Fleuret F，Fua P. Probability occupancy maps for occluded depth images [C] //Proceedings of the IEEE Conference on Computer Vision and Pattern Recognition. 2015：2829–2837.

[157] Zhang Y，Funkhouser T. Deep depth completion of a single rgb–d image [C] // Proceedings of the IEEE Conference on Computer Vision and Pattern Recognition. 2018：175– 185.

[158] Gupta S，Girshick R，Arbel á ez P，et al. Learning rich features from RGB–D images for object detection and segmentation [C] //European conference on computer vision. Springer，Cham，2014：345–360.

[159] Tian L，Zhang G，Li M，et al. Reliably detecting humans in crowded and dynamic environments using RGB–D camera [C] //2016 IEEE International Conference on

Multimedia and Expo（ICME）. IEEE，2016：1-6.

［160］Hu J，Shen L，Sun G. Squeeze-and-excitation networks［C］//Proceedings of the IEEE conference on computer vision and pattern recognition. 2018：7132-7141.

［161］Woo S，Park J，Lee J Y，et al. Cbam：Convolutional block attention module［C］//Proceedings of the European conference on computer vision（ECCV）. 2018：3-19.

［162］Kuhn H W. The Hungarian method for the assignment problem［J］. Naval research logistics quarterly，1955，2（1-2）：83-97.

［163］Choi W，Pantofaru C，Savarese S. A general framework for tracking multiple people from a moving camera［J］. IEEE transactions on pattern analysis and machine intelligence，2012，35（7）：1577-1591.

［164］Dendorfer P，Rezatofighi H，Milan A，et al. Mot20：A benchmark for multi object tracking in crowded scenes［J］. arXiv preprint arXiv：2003.09003，2020.

［165］Sun S J，Akhtar N，Song H S，et al. Deep affinity network for multiple object tracking［J］. IEEE transactions on pattern analysis and machine intelligence，2019，43（1）：104-119.

Multimedia and Expo (ICME). IEEE, 2016: 1-6.

[160] Hu J, Shen L, Sun G. Squeeze-and-excitation networks[C]//Proceedings of the IEEE conference on computer vision and pattern recognition. 2018: 7132-7141.

[161] Woo S, Park J, Lee J Y, et al. Cbam: Convolutional block attention module[C]//Proceedings of the European conference on computer vision (ECCV). 2018: 3-19.

[162] Kuhn H W. The Hungarian method for the assignment problem[J]. Naval research logistics quarterly, 1955, 2(1-2): 83-97.

[163] Choi W, Pantofaru C, Savarese S. A general framework for tracking multiple people from a moving camera[J]. IEEE transactions on pattern analysis and machine intelligence, 2012, 35(7): 1577-1591.

[164] Dendorfer P, Rezatofighi H, Milan A, et al. Mot20: A benchmark for multi object tracking in crowded scenes[J]. arXiv preprint arXiv: 2003.09003, 2020.

[165] Sun S J, Akhtar N, Song H S, et al. Deep affinity network for multiple object tracking[J]. IEEE transactions on pattern analysis and machine intelligence, 2019, 43(1): 104-119.

彩图3-1 WIDER FACE可视化结果对比

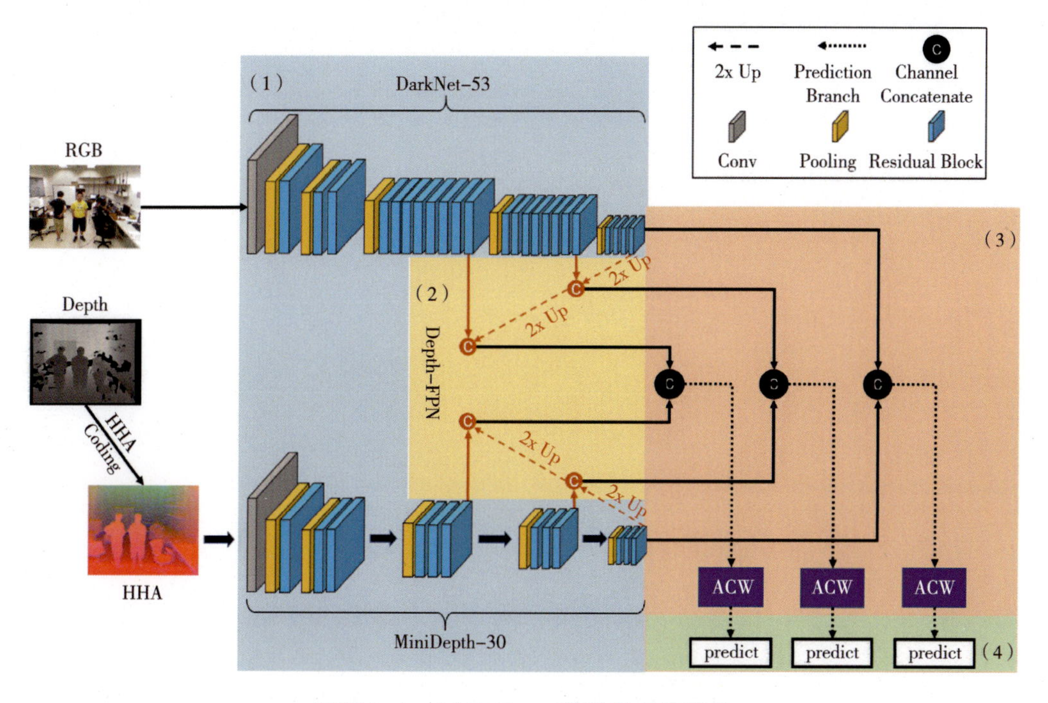

彩图4-1 AAFTS-net算法的总体架构

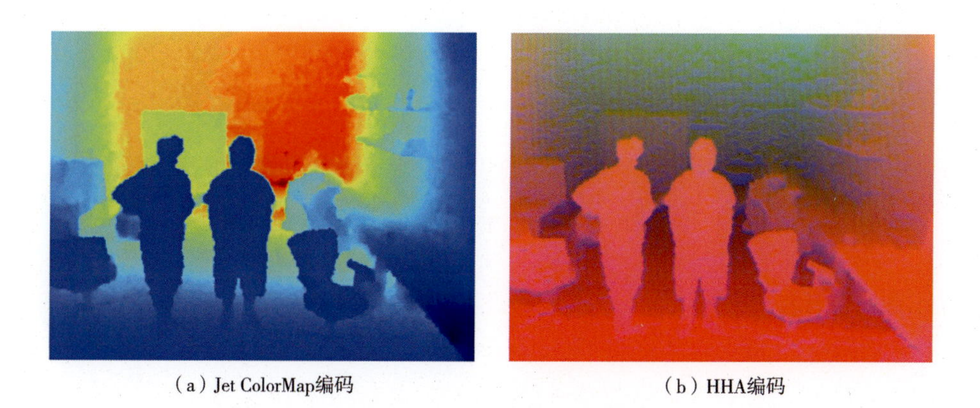

（a）Jet ColorMap编码　　（b）HHA编码

彩图4-2 深度编码的效果图

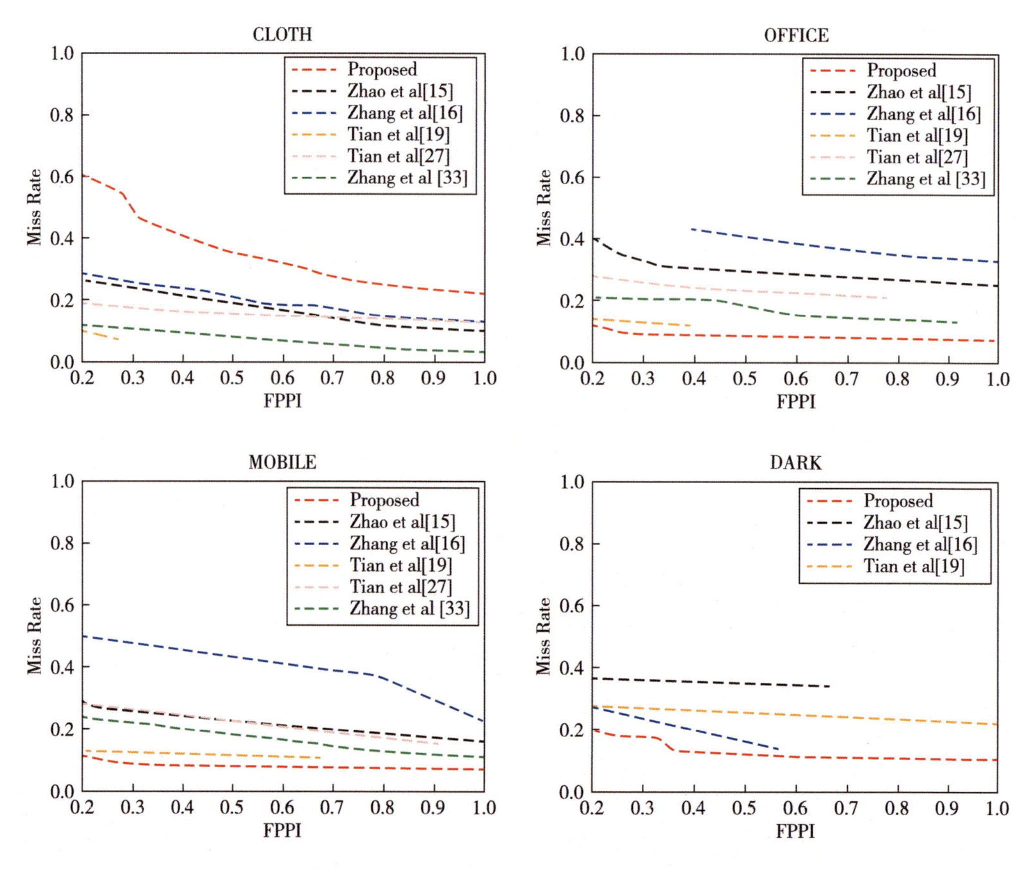

彩图4-3　所提算法与其他SOTA方法在四个数据集上的对比结果

彩图4-4　AAFTS-net在RGBD-Human上的检测结果

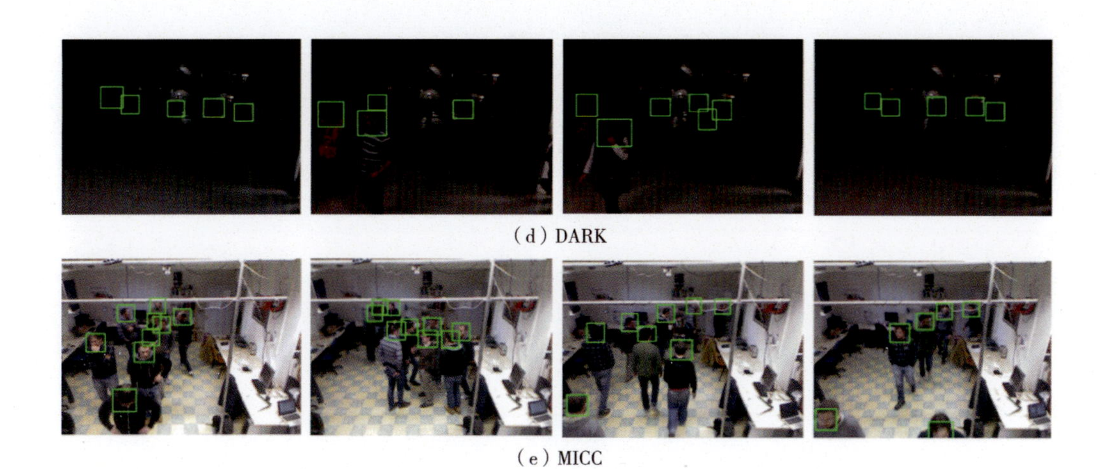

（d）DARK

（e）MICC

彩图4-4　AAFTS-net在RGBD-Human上的检测结果（续）

彩图4-5　AAFTS-net在EPFL遮挡数据集上检测结果

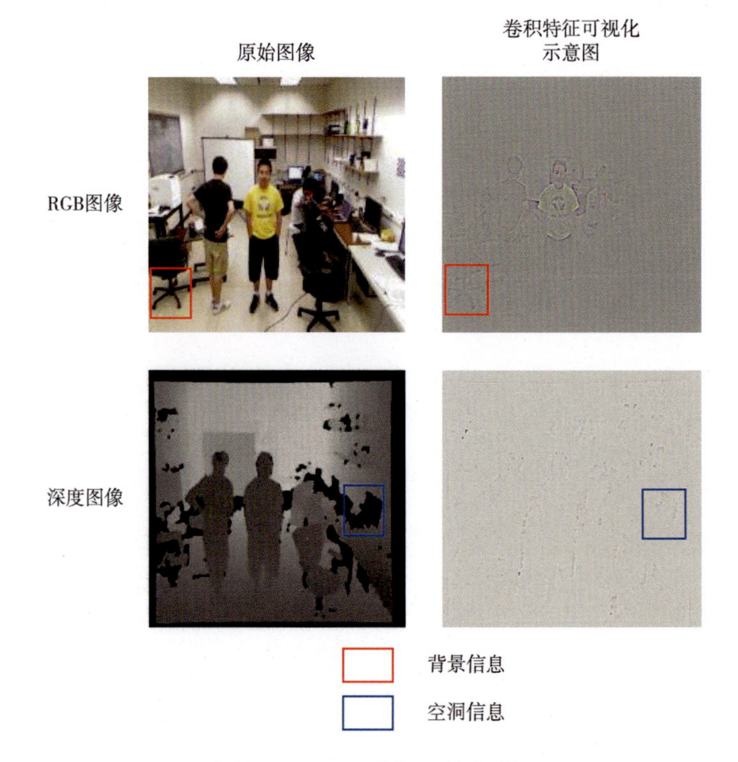

彩图5-1　卷积特征可视化结果

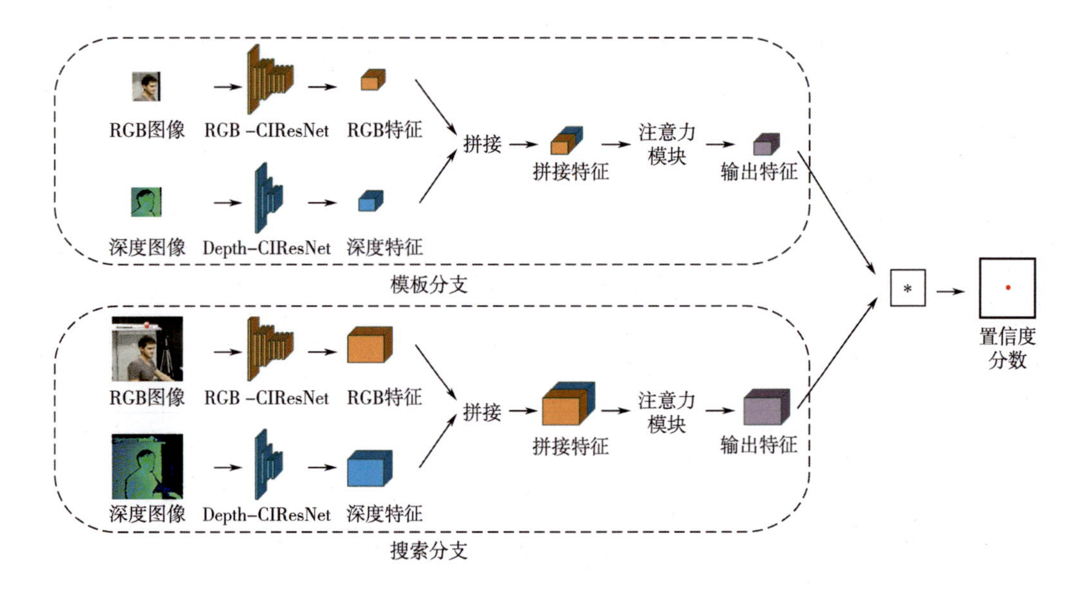

彩图5-2　基于非对称孪生网络的轨迹生成模块的网络结构图

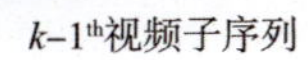

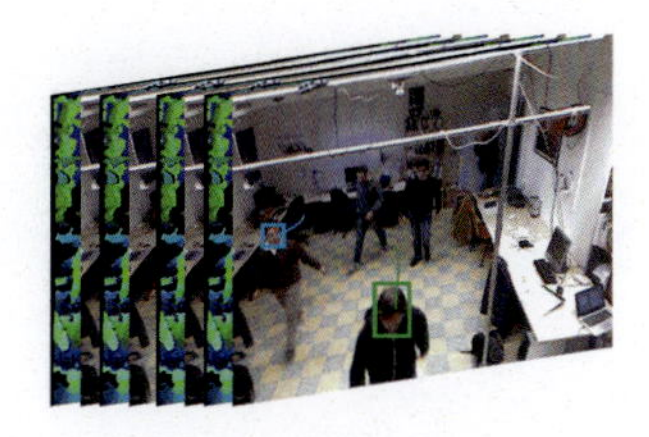

彩图5-3 部分视频子序列的人员头部运动轨迹图

	k–1th 视频子序列	kth 视频子序列	k+1th 视频子序列	
(a)				高质量轨迹
(b)				低质量轨迹
(c)				错误/消失轨迹

轨迹在该段视频序列中进行了检测修正步骤和跟踪步骤

轨迹在该段视频序列中仅进行了跟踪步骤

轨迹在该段视频序列中没有进行任何步骤

彩图5-4 轨迹类别分析策略

表5-5　各跟踪算法在三个数据集上的测试结果

数据集	算法名称	MOTA ↑	MOTP ↑	FP ↓	FN ↓	IDS ↓	FM ↓	MT ↑	ML ↓	Rank
MICC	Sort	60.8	70.0	1997	2877	84	282	11	0	3
	Deepsort	59.6	69.2	2212	2874	25	340	11	0	4
	IOU-tracker	54.0	70.2	1464	4022	336	462	7	0	6
	ADSiamMOT-RGB	62.2	69.4	2006	2744	30	193	10	0	2
	SST	55.2	69.5	1633	3958	86	614	6	0	5
	ADSiamMOT-RGBD（ours）	64.2	69.8	2037	2477	18	227	11	0	1
EPFL	Sort	40.9	76.1	407	2207	87	109	5	1	5
	Deepsort	41.0	76.4	206	2468	22	112	2	1	4
	IOU-tracker	41.1	74.9	244	2349	99	120	2	1	3
	ADSiamMOT-RGB	47.2	76.2	565	1807	42	91	11	0	2
	SST	37.9	72.5	289	2480	71	179	4	0	6
	ADSiamMOT-RGBD（ours）	47.4	76.2	564	1805	38	87	11	0	1
UM	Sort	70.5	72.2	1942	9731	41	366	9	1	2
	Deepsort	67.4	71.9	1444	11452	59	556	7	1	3
	IOU-tracker	49.1	75.1	941	18700	558	658	4	4	5
	ADSiamMOT-RGB	71.8	72.2	1992	9173	39	235	9	1	1
	SST	51.9	74.4	1219	17648	225	1446	4	3	4
	ADSiamMOT-RGBD（ours）	71.8	71.8	1985	9166	42	242	9	1	1